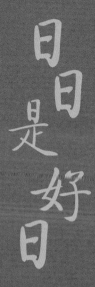

日日是好日

茶 道 带 来 的 十 五 种 幸 福

[日]

森下典子

著

夏淑怡 译

文化发展出版社
Cultural Development Press

· 北京 ·

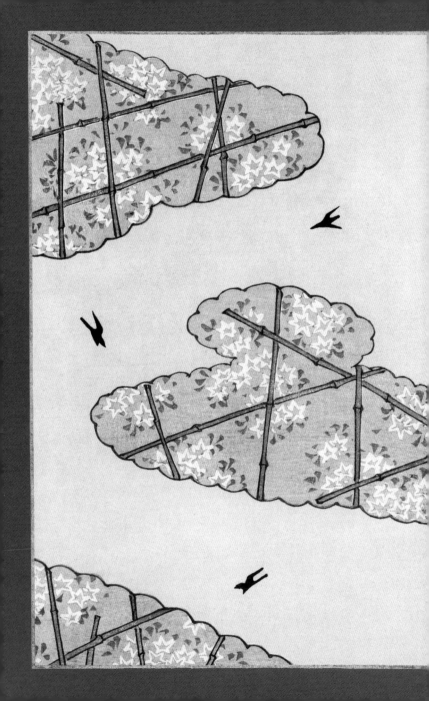

〔目录〕

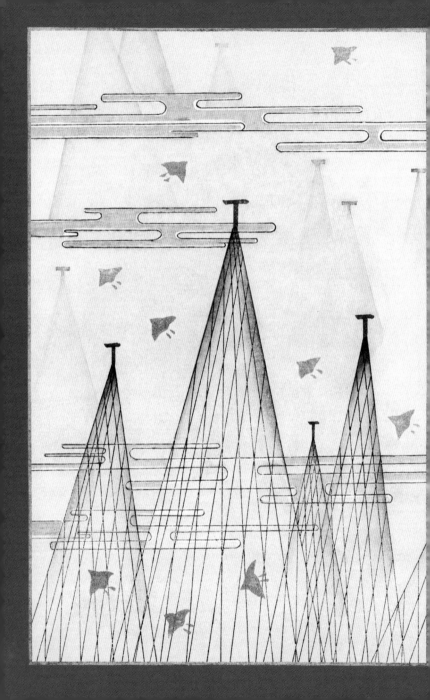

茶烟几缕，黄鸟一声……

结庐松竹之间，闲云封户；

徙倚青林之下，花瓣沾衣。

芳草盈阶，茶烟几缕；

春光满眼，黄鸟一声。

此时可以诗，可以画……

——〔明〕陆绍珩

　　当接到碧员电话，知道《日日是好日》将再度出版时，内心真的十分高兴。原来生活美学在我们这块土地上已经苏醒了。

　　这本书深受我们身边学习茶道的朋友们喜爱，旧版由于绝版了，只好以影印方式在众人之间默默流传。

　　森下典子小姐的文笔优美亲切，深情自然流露，有如多年不见的好友，对你细细叙说动人心弦的别后故事。

　　中国是茶叶的故乡，从绿茶到红茶，世界上所有的制茶方式都是中国人发明的。

"无穷出清新"是中国茶叶宝贵的特质，源源不休止的蜕变来自古老文化的美学基因。从古至今，由于制茶的方法不断沿革，饮茶的方式也就跟着相应调整变化；而对于茶香、茶味无穷尽的追寻，又反过来刺激制茶的方法不停地流变与创新。

　　中国历史上三个品茶文化璀璨的时期——唐代、宋代、明代，所饮用的茶都是绿茶。煮茶法、点茶法、泡茶法，分别代表各个时期不同的时代风格与情感，我们现代所风行的泡茶法延续了晚明以后的泡法。乌龙茶这种繁复的制法在中国历史上出现得很晚，不过最迟在清初已有文献记载。清代，乌龙茶随着福建闽南和广东潮汕地区的移民传入台湾地区。

　　自从公元七八〇年，唐代陆羽书写《茶经》，把饮茶这事提升到"品茶"的境界——用欣赏、品味的态度来饮茶，把它当成一种精神上的享受、一种鉴赏的艺术之后，虽然饮茶的形式有所变异，但由品茶意境延展而来的审美情趣，却像条河流，一直在历代的风雅人士心中回荡绵延，与诗书、绘画、陶瓷、焚香、插花、弹琴等事，交织成一脉精微灿烂、儒雅闲适的生活美学，直到清代才开始逐渐衰微没落。

　　一一九一年，南宋光宗时期，到中国参访的荣西禅师把祥和的寺院点茶法和蒸青绿茶制法带回日本，并以汉文写成日本第一本茶书——《吃茶养生记》，从此品茶的风潮随着禅宗思想在日本传播开来。虽然在现代中国，古代的饮茶方式已完全消失了，但日本却把点茶法完整地保存在细腻而独特的茶道文化之中，直到今天。

不论任何时代，茶香都可以寄托我们的情感，不论外在物质条件充裕还是不足，我们都可以在茶汤的美味中找到安慰。然而，伴随着品茶情趣延展出来的生活美学，却无法不跟着中国近代的动荡和战乱而衰退。自十九世纪中叶，接连发生战争与革命，品茶的艺术不但无从发展，而且被中国人遗忘了。直到近三十年，台湾地区由一个贫穷的岛屿转变为富裕的地区，在富裕后趋于沉淀的社会中，又渐渐兴起一股细致的品茶时尚，为我们整体的生活情调带来了明朗的氛围。

诚如森下小姐所言，每年季节不停地循环，人生亦有季节的起伏。除此之外，还有更大的循环不断重复上演。国家的兴衰、文化的开合，是否也归属于自然的节奏、生生不息的循环呢？

我对森下小姐叙说的茶道美学，一点儿也不感到有隔阂，因为我们的文化来自同一个源头。

清香斋　解致璋

空谷足音

　　翻开这本书，就如翻开我学习茶道的心情扉页，瞬间穿过时光隧道，回到最初的原点……探索的好奇、恩师的话语、大自然的启示、学习的兴奋……一幕又一幕，跃然纸上，历历犹新。

　　日本茶道的课程十分严谨，讲究的是扎实的打底功夫，自千利休起，五百年来，忠实地跟随着先行者一步一脚印，巨细靡遗地结合生活中的每一个细节，一点一滴地缓慢累积。

　　《利休百首》中第一百二十首有云：

"規矩作法 守り尽くして 破るとも 離る
るとても 本を忘るな"

（きくさほう まもりつくして やぶるとも
はなるるとても もとをわするな）

（译文：规则需严守，虽有破有离，但不可忘本）

这首诗就是在说明学习时的三个成长阶段"守、破、
离"（しゅはり）：

守——守型，初学者从型开始；

破——破型，视情况随机应变；

离——离型，继往开来展现自我风格。

这三个境界，一阶高过一阶，不是没有基础者可任
意跳级而为的。

这一点可能是日本茶道与中国茶艺最大的不同之
处。目前，不论台湾或大陆茶艺，大家莫不竞相自由创造，
讲究自我风格的展现，大家也都视为理所当然，然而这
可能也是中国人与日本人在性格上基本的不同点吧！

进入日本茶道的殿堂，历程就如登山一般。登山口
人群熙来攘往、热闹非凡；往上走一段路，同行者不再

拥挤；再往上走，身边的脚步声不再零乱。接下来的路程，就看各人际遇。有人走在华丽的风景中，以为顶峰就在前方；有人走在无人的小径，窃喜这才是攻顶的秘道。

空山、无人、水流、花开，此时《利休百首》中的训示就如空谷足音，呼唤着我们的心灵，声声叮咛着：茶道是一条没有终点、不追求答案的修行之路。

优游山中不忘脚边一草一木，享受每一次的学习吧！

东吴大学推广部日本千家茶道专任讲师

祝晓梅（茶名宗梅）

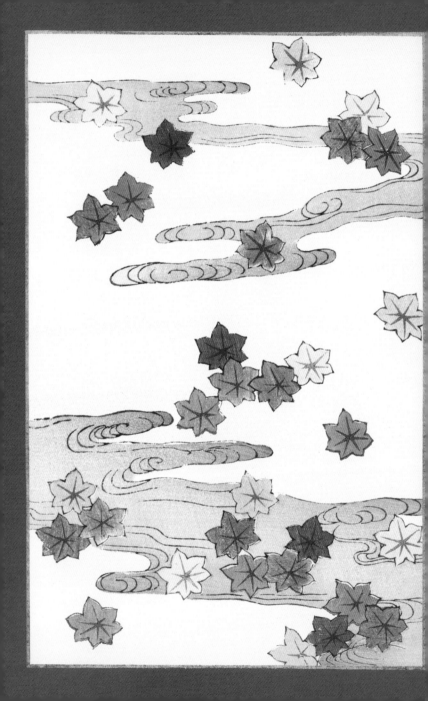

一本永不褪色的茶人日志

　　身为茶课老师，不知不觉已近十五年了。每每开新班授课，面对一张张新面孔仍然感觉责任沉重，准备不足。茶课要讲什么？要学多久才能毕业？这是一般初学者的普遍疑问。有人单纯只想透过茶事训练来放松身心，有人则沉醉于茶器与茶席舞台；有人想学习技法将茶汤泡好，有人则想摒弃形式亲近禅道。形式重不重要？怎样才是理想的茶汤？有人将茶道视为宗教，有人则把茶道纳入哲学；如果英语是目前仍然畅行的国际语言，那茶道的语言又是什么呢？茶人又如何在掌握这门语言之后与外界沟通呢？

　　记得十几年前初次到京都游玩，填写入境卡职业栏时表明是茶文化工作者，竟受到海关人员极高的礼遇。这或许是个案，但茶道在日本民众的意识中已然是文化的最高领域。在台湾地区，茶课老师往往得扮演多重角色，土壤生态、茶树品种、茶叶疗效、制茶工艺、茶汤技术、茶空间美学，乃至宇宙生命科学，都是不得不涉猎的领域。而当我在接触日本茶道时，对茶道教授普遍的知其然而不知其所以然的事茶态度，不免惊讶。就如同本书中武田老师对森下典子的问题，回答道："理由并不重要，重要的是照着做。也许你们会觉得反感，但茶道就是这样。"茶道就是如此？在西方教育的影响下，老师常鼓励大家勿囫囵吞枣，要学习思辨、提出疑问。相较于斯，日本茶道就是典型的东方思维："马上做，不要思考，手自然知道，听手的感觉行事。"手的感觉，就是古人说的"熟能生巧"吧！传统工匠长年锻炼手上功夫，不需思索，指尖自然就反射了内心的情绪。然而为避免流于匠意，应时时刻刻回过头来"聆听"心的声音。

　　大学时读米兰·昆德拉的《不能承受的生命之轻》，个中奥义难以言喻。经过多年的茶事训练，生命也被锻炼得更为坚毅。当读到武田老师指导典子以轻驭重的茶道手势："沏茶时，重的东西要轻轻放下，轻的东西才重重放下哟。"淡淡一语道尽生命的矛盾本质。我们往往因用力过度而造成自己与他人的负担，故"举重若轻"才是用心而不过度用力的智慧表现。

大道无器，中国自古崇尚老子无为的自在，却又同时推崇儒家的礼仪之邦。武田老师说："茶道，最讲究的是形，先做出形之后，再在其中放入心。"先取其形，后置其心，也就是透过茶道仪式以达到静心的目的。茶人长年在固定的形式上演练，即便身处闹市，仍能将心安定下来。

《日日是好日》是一位日本茶人习茶二十五年的生活日志，作者恬淡低调的文字风格，一如修行多年的茶人姿态。诚心推荐给懂茶或不懂茶、习茶或教茶的您。当年首次阅读，触动了我初懂茶事的那份记忆。多年后再度温习，仍然感动不已。本书译名《日日是好日》，出自佛经《碧岩录》，意指透过修行改变了心境，即便遇上生命逆流，也能以平常心相待，一如茶人在面对不同茶汤或茶客时，应秉持此生唯一或最终一次的态度，心存感念而欢喜。

人澹如菊茶书院

李曙韵

前言

　　每周六下午，我总会步行十分钟左右，走到一间入口处摆放着一个八角金盘盆栽的相当古朴的民宅。当它的大门"嘎啦"一声拉开时，可看到已用水拂拭过的洁净玄关，闻到炭火的香，庭园方向也隐约传来水流声。

　　走进一间朝向庭园的寂静房间，坐在榻榻米上，开始煮水、沏茶，然后品尝。

　　这样一周一次的茶道课，从大学时代开始，不知不觉已维持二十五年。

　　尽管现在上课时还是经常犯错，仍有很多"为什么要这样做"的疑问，跪坐久了脚还是会麻，会嫌礼法麻烦，也从未有过多练习几次就全部明白的感觉。

有时朋友还会问：“喂，茶道究竟哪里有趣？为什么你会学那么久？”

小学五年级时，父母带我去看费里尼（Federico Fellini）导演的电影《大路》（*La Strada*，1954）。这是一部描绘贫穷江湖杂耍艺人的影片，相当深涩晦暗。当时，我完全看不懂导演想表达的意境。

“这样的电影怎能称为名片嘛！还不如看迪士尼卡通。”

可是十年后，我念大学时再看这部电影，内心所受到的冲击却相当大。记得当时片名改作《洁索·蜜娜之题》，内容则和小时候看到的一模一样。

“《大路》，原来是这样一部电影啊！”

看完后心里很难过，只好躲在电影院的暗处，独自垂泪。

之后，我谈过恋爱，也尝过失恋的痛苦，更经历了工作不顺的挫败，但仍持续追寻自我的存在。生活虽然平凡，也匆匆过了十数载，到了三十五岁，我又看了一遍《大路》。

“咦？之前有这样的画面吗？”

俯拾即是未曾见过的画面、没听过的台词。茱丽叶·马西娜（Giulietta Masina）演技逼真，演活了天真的女主角洁索·蜜娜，但她悲惨的遭遇令人心痛。当垂垂老矣的藏帕诺知道自己抛弃的女人已死，夜晚在海滨全身颤抖恸哭。这一幕，让人觉得他亦非绝情的男子，只有"人间的悲哀"的感受，看得令人鼻酸。

费里尼的《大路》，每看一次总有新的感受，越看越觉得寓意深远。

世上的事物可归纳为"能立即理解"和"无法立即理解"两大类。能立即理解的事物，有时只要接触即了然于心。但无法立即理解的，像费里尼的《大路》，往往需经过多次的交会，才能点点滴滴领会，进而蜕变成崭新的事物。而每次有更深刻的体悟后，才会发觉自己所见的，不过是整体中的片段而已。

所谓的"茶道"，也属于这样的事物。

二十岁时，只觉得"茶道"是一种老掉牙的传统技艺。学习这项技艺时，总觉得自己像被嵌在模具中，难得有好心情，而且无论练习多少次，也不知道自己在做什么。不过，它的过程虽然细碎烦琐，但配合当天、当下的天气，一定会变化出不同的道具组合、步骤顺序。季节一转变，茶室内整体的模样更是全然不同。这样的变化在茶室里经年累月地上演着，令身处其中的人也不知不觉地产生潜移默化的改变。

于是，某日突然闻到大雨激起大地的溽暑味，会察觉："啊，这是午后雷阵雨。"

听到打在庭园树枝上的雨滴声，也可以察觉出与众不同的声响，还能嗅出满园温润的泥土芬芳。

在此之前，雨水对我来说，只不过是"从天而降的水滴"，是没有味道的。泥土也没有所谓的芬芳气息。一直以来，我有如置身玻璃瓶中，所见的世界很小，如今跳脱玻璃瓶的桎梏，才开始用身体感受季节的"气息"与"声响"，就像一只生长在水边的青蛙，能自然嗅出季节的变化。

每年四月上旬，一定是樱花盛开的季节；六月中旬，就像已有约定似的下起梅雨。年近三十岁才赫然发现，自然的变化是这么理所当然。

以往，我觉得季节只分为"很热的季节"和"很冷的季节"。现在，才渐渐发现其中的奥妙。春天，早开的是木瓜花，然后是梅花、桃花、樱花。当樱花枝头长出新绿时，紫藤花开始飘香。而杜鹃花季过后，天气变闷热，就到了快下梅雨的季节。接着，梅子果实累累、水边菖蒲绽放、紫阳花[1]盛开、栀子花满树飘香。紫阳花凋谢时，梅雨季也将过去，樱桃、桃子盛产上市。季节的变换不断交替更迭，从不曾留白。

"春、夏、秋、冬"四季，农历中还另分为二十四节气。但对我而言，季节的变换就是每周上茶道课时不同的感受。

倾盆大雨的日子，有时会觉得一直听闻的雨声突然遗失在屋内；有时又会觉得听着听着，不久自己也变成大雨，哗地倾泻在老师家庭园的树梢上。

（所谓的"活着"，大概就是这样吧！）

学习茶道期间，总不断出现这样重要的时刻，像定期存款的到期日一样。虽然没做出什么值得表彰的事，就这样度过黄金的二十岁、平凡的三十岁，来到人生的四十岁。

庸庸碌碌的大半辈子一直像水滴滴落杯中一样，直到滴满杯子，也没有发生任何变化，尽管杯里的水因表面张力已高出杯面。但当某日某一时刻，决定性的一小滴水滴落打破均衡，那一瞬间，满溢的水便从杯沿宣泄而下。

1　译注：绣球花

当然，没学茶道，还是会有如此阶段性的开悟时刻。就像成为父亲的男性常说："虽然父亲早就对我说过，总有一天你也会明白的，但直到自己有了小孩，才发觉原来是这么一回事。"

也常有人说："由于生病，才开始懂得珍惜身边一些看似毫不起眼、司空见惯的事物。"

人总在时光的流逝中开悟，发现自我的成长。

然而，唯有"茶道"能即时教人捐弃世俗之见，真实感受"自己难以见到的自我成长"。刚开始接触茶道时，也许不清楚自己在做什么，但时候一到，自然豁然开朗、有所领悟。

因此，学习过程中不必太在意是否能立即理解，不妨将之分阶段视为集水的小水杯、大水杯、特大水杯，顺其自然等待杯中水满溢，便可饱尝那一瞬间豁然开朗的醍醐味。

过了四十岁，学习茶道也有二十年以上，我开始向朋友鼓吹"茶道"的好处。

朋友常常很意外地表示："哦！茶道原来是这么一回事啊！"

他们的反应也常让我吃惊。许多人都以为"所谓的茶道，就是有钱人的休闲玩意儿"，完全不知从中可以获得许多体验。我自己也是，不久前还遗忘了茶道最珍贵的真义。

从那时候起，我就下决心要写一本有关"茶道"的书，想写出这二十五年来在老师家上课时的所有感受，包括对季节转换的感知、瞬间领悟的醍醐味……

小时候看不懂的费里尼的电影《大路》，如今却能令我泪流不已。有些事情其实不必勉强去懂，勉强自己试图去了解，却徒劳无功，其实是时候未到，时候到了自然了然于胸。

刚开始学茶道时，无论多努力想要了解，始终无法知道自己在做什么。可是经过二十五年阶段性的开悟，如今终于知道个中的道理。

在难以生存的时代，在黑暗中丧失自信时，茶道皆能教导你如何安然度过，亦即"放开眼界，活在当下"。

所谓的茶人

武田阿姨

"那个人可不简单哟!"

十四岁时,刚参加完弟弟学校母子会回来的母亲对我说。

"大家只是打声招呼,只有她鞠了个很不一样的躬。"

"鞠了很不一样的躬?怎么说呢?""虽然是很普通的鞠躬,可是就是不一样。说了声'我是武田',就低下头,我都吓了一跳。没见过那么漂亮的鞠躬方式。"

"那个人,姓武田?""嗯,那个人,绝对不简单。"

(能被说成"不简单",到底是怎样的人呢?)

我不禁想象她是个严肃又恐怖的人。

某日,母亲站在家门口和我不认识的一位穿着圆领衬衫的中年妇人交谈。这位妇人肤色白皙柔嫩,样貌看起来很年轻。

"啊,这位是你的千金吧?初次见面,我是武田。"

传说中的那个人微笑着看了我一眼后，鞠了个躬。

的确是很漂亮的鞠躬，不过不像母亲所说的那么特别。

而且一点儿也不符合我对"不简单"的想象。

（反倒觉得她是个爽快优雅的妇人呢！）

这就是我和武田友子小姐第一次见面的情景。

武田小姐成为母亲的好友后，我也开始称呼她"武田阿姨"。

昭和七年[1]出生的武田阿姨，成长于横滨的不町[2]，是地道的横滨人。在那个时代，她可以说是难得一见的职业妇女，年过三十仍继续上班工作，后来因为结婚生子才成为家庭主妇。

武田阿姨谈不上是大美女，但我总觉得她有一股优雅的气质。从不曾见她身上佩戴首饰，整体打扮却让人觉得很漂亮。我也不知道为何会有这样的感觉。

我从来不见武田阿姨在一群中年妇女聚集时高谈阔论，也未曾见她露出中年妇女那种意有所指的暧昧微笑。她说话总带着清脆的横滨腔，和她那看起来年轻又优雅

1　译注：一九三二年
2　译注：城市中靠河、海的工商业集中区

的外表略不相称。

　　尽管与周围的人相处进退合宜，她却很讨厌拖泥带水，总是事情一办完，说声"那么，我先告辞了"，就迅速独自离开。无论男女，许多人一旦遇上有权威的人或事，说话态度、声调总会有所改变，可是武田阿姨在任何人面前都是一贯的态度。

　　当我没考上第一志愿的大学而很犹豫"要不要重考"时，周遭的亲友都异口同声劝我："女孩家，何必重考呢？以后总要嫁人的嘛！"只有武田阿姨对我说："典子，要念就去念自己最想上的学校。我认为女人还是应该有工作，靠自己过活。"

　　"我认为……"我初次见识到能如此清楚表达出自我意见的中年妇女。而当我决定"不再重考"时，她也只说："哦，你已经下定决心了，那就好。就依照自己的决定，好好走未来的路吧！"

　　武田阿姨总给人生活优渥、有闲情的感觉。不过，这并非指她过得像"有钱人家的太太"。我觉得在那个主妇们多半以丈夫的成就与孩子的功课为生活重心的时代，她可以说是个见多识广的女性。

　　"她是'茶人'哟！"

5

有一次母亲提起。

"'茶人'是指？"

"就是喝茶遵循礼法的人。武田从年轻的时候就一直在学茶道，好像还拿到了茶道教师资格。的确是很不一样的人。我一眼就看出，她不是个简单的人物。"

"哦……"

对我来说，茶道简直就像另一个世界的事。不知喝茶前为何总要"唰唰"将茶碗中的茶搅到起泡，再端起来喝。

当时我还未察觉武田阿姨一身的优雅气质、泰山崩于前而色不变的沉稳性格与茶道的关系，只觉得这世上竟然还有所谓的"茶人"存在，真让人不可思议。

大学生活倏忽而过。

我虽然一直很想在大学时代找到值得自己努力一生的事，却不知自己真正想做的事究竟为何。也曾投注热情尝试别人很少注意的事物，可是没一样可以持久，不知不觉就成为大三的学生了，周遭的同学也开始谈论就业问题。

某天，母亲突然问我："典子，你要不要学茶道？"

"咦？为什么……"

我不由自主地皱眉头，我从没想过学茶道之类的事。因为，这是日本古老的传统技艺，一点儿也不时髦。要学也是学西班牙舞、法国料理等外国时尚。

况且我始终认为，茶道和花道是那种认定女人结婚就等同于找到工作的保守父母，为让女儿飞上枝头当凤凰而安排的传统新娘必修课程，加上所费不赀，无形中成为有钱人身份地位的标志，是豪华奢靡、权威主义的象征，所以十分排斥。

"茶道？好耶。我想学！"表妹道子兴奋地表示。

道子和我同年，从小我们俩的感情就很好。她家是地方上的资本家，小时候每年放寒暑假时，我都会到她家住上几个星期，一起玩耍。而道子上大学后，就到我家附近租房子住。

"阿姨，很久以前，我就想学茶道了。"

道子和我不一样，个性率直。

"去学！去学！这是很好的事。"

母亲深表赞同。

"你看，人家道子多有兴趣啊！"

虽然听了有点儿生气，可是经道子一说："喂，小典去嘛！一起去学茶道嘛！"我也开始心动了。如果和道子一起去，回家的路上两人还可以经常到咖啡馆聊天。

我们俩一凑在一起，就会不停地聊最近的电影、喜欢的外国艺人、有趣的小说、海外旅行，一聊就是好几个钟头。

还没找到"想做的事"，大学生活也只剩一年就要结束。其实，自己也很厌倦这样不停追逐新鲜事物。因此，我突然觉得——

（与其因为找不到想做的事而焦躁不已，不如开始做些具体的事。）

无论什么都好。即使是日本传统老掉牙的东西……

"那，我就来拜托武田老师啰！如果找武田当老师，你也比较愿意吧！"

听母亲这么一说，脑海里立即浮现"茶人"一词，以及武田阿姨那整洁、优雅的模样。

"学茶道，也许不错……"

昭和五十二年[1]，正好是我二十岁的春天。

---

1 译注：一九七七年

第一章

知道『自己一无所知』

老师的家

武田阿姨原本应附近几位邻居太太之邀，周三的午后在自己家中教茶道。可是，我和道子平时在大学还有课要上，为了我们两人，她在周六午后特别开班指导。

之前不知多少次经过武田阿姨的家，就在离我家走路约十分钟的路上，那是一栋砖瓦屋顶的两层老木造楼房，就在荞麦面店的隔壁，入口处摆放着一个巨大的八角金盘盆栽。

第一次上课不知该穿什么服装、带什么去比较好。

"哎呀，平常的洋装就可以了。总之，周六先过来一趟。"

五月连休假日后的周六，道子穿着洋装，我是衬衫配裙子，有点儿紧张地来到武田阿姨家门口。

拉门"嘎啦嘎啦"地被拉开时，眼前出现像旅馆般用水擦拭过的玄关地板，打扫得相当清洁，完全不见我家脱了的鞋胡乱摆放的景象。

我说了一声"午安"，从里面传来"嗨"的应答，随即响起小跑声。染布做成的暖帘被掀开，便看到一张熟悉的白皙圆脸。

"啊……"

我不禁讶异出声，第一次看到武田阿姨穿和服的模样，柔和的米色和服和她雪白的脸庞十分相称。

"欢迎欢迎，请进！"

那天，第一次走进柱子、走廊尽是"烧烤煎饼"般古朴色泽的武田阿姨家。踏上玄关，走进两间相连的榻榻米房间，里面的一间是八叠大小。

"在这里稍待一会儿。"

我和道子开始慢慢浏览。这个看起来像空无一物、相当空旷的空间就是今后每周学习茶道的房间。

抬头仰望挑高的天花板，可见与榻榻米房间相隔的栏间[1]。大壁龛内侧垂挂着长幅字画，连屋内墙上木柱间的横木也挂着横幅匾额。

透过走廊的隔间玻璃窗，可以看见屋外的庭园景致。庭园的面积虽然不大，但园中的柿子树、梅树已冒出新绿嫩芽，随处还散见庭园景石与石灯笼。而茂密的杜鹃

1　译注：日式房间内拉门、隔扇等上部采光通风用的镶格窗

树丛正盛开着彩球般的艳红、粉红花朵。

庭园的柿子树对面，可以瞧见立着一个白色冲浪板，应该是阿姨儿子的运动器材，而廊下靠窗处的一架钢琴则是女儿的吧！

不过，我们所在的这间榻榻米房内，闻不到一丝家庭中五味杂陈的生活气息，反倒觉得空气中弥漫着一股清新味，给人经常有人拂拭的温馨感。

虽不豪华却很洁净，直率又带点儿坚决的气息，的确与武田阿姨的形象十分契合。

道子和我两人不习惯地端正坐着。

"喂，小典。"

道子小声地问。

"什么？"

不知为何我也轻声回答。

"那上面写的什么？"

道子看着壁龛内长幅字画上的毛笔字和横幅匾额问道。

"……不会念啦！"

这时，正好走进来的武田阿姨笑着说："那幅匾额上写着'日日是好日'。还有，今天的字画是'叶叶，扬起清风'。在这新绿的季节，正好配你们年轻人，不是吗？"

折帛纱

　　我以为学习茶道的第一堂课，一定会说些有关"茶道心得"之类的训话。没想到武田阿姨一开始就只分别交给我们一个约一厘米厚的薄纸箱。打开纸箱盖，里面放着一块印泥般鲜红色的四角棉布。

　　"这叫作'hukusa'。"

　　hukusa 写成"帛纱"[1]，大小如男用手帕，是拿在手上颇具厚重感的棉布。

　　"呃，先将帛纱对折。"

　　武田阿姨轻轻拿起帛纱对折成三角形，并将一角塞进和服腰带。我们不明就里地依样画葫芦，将它塞进腰带中，左腰上都垂挂着这块朱红的三角棉布。

　　"仔细看哟！"

　　阿姨的左手先将帛纱从腰带上"咻"地抽出，拿着其中一端，右手再拿起另一端，使帛纱呈倒三角形，松

1　译注：亦可写成"袱纱"

14

垂一下后，顺势用劲儿朝左右拉扯绷紧。

"啪！"

一声扯布声响。我们也试着扯动帛纱的两端。数次重复的拉扯动作中，帛纱随着手的摆动节拍，不断产生"啪""啪"声。

然后，阿姨熟练地用指尖将帛纱折三折，形成如屏风般的瘦长模样，然后上下对折再对折，折成大小刚好可握在手中的四方形。阿姨双手灵巧地完成每个步骤。我们也有样学样地照着做。

"这就是'折帛纱'哟！"

"是。"

『枣』与抹茶

接着，阿姨从拉门另一边取出一个蛋形、头扁平、全黑的圆筒物。这个有如附盖子的茶碗蒸形漆器，有着西瓜子般漆黑的光泽。

"这就是装茶的'枣'[1]。"

"枣"的盖子和筒身紧密合在一起时，就像橡树果实般光滑润泽。

拿在手上，感觉意外轻盈。旋转开盖子的一瞬间，似乎有空气乘隙从盖子与筒身间"咻"地蹿入。盖子打开之后，里面满盛绿色的粉末，乍看之下有如鹦鹉毛色般翠绿。

虽然之前我已经喝过沏好的青汁状绿茶，但这是第

---

1 译注：natsume

一次看到抹茶粉。

在转紧"枣"的盖子时，又有种被自动吸附盖上的感觉。

"用刚才的帛纱，将'枣'擦干净。"

阿姨单手握着折得小小的红色帛纱，另一只手拿着"枣"。

"像写平假名的'て'那样擦拭。"

用折叠好的帛纱在"枣"的盖子上轻轻写"て"。

（为什么要写"て"呢？随便擦一擦，擦得干净就可以啦！）

我一边心里这么想着，一边画着"て"字形。

最初的沏茶

　　"那么，因为今天是第一次上课，就由我沏茶给你们品尝。"

　　阿姨将原本放于大盘的白馒头[1]换盛至茶盘上端出来。

　　通透的白馒头薄皮下，依稀可见紫色的图案。

　　"这是'菖蒲馒头'，五月节庆用，现在正是品尝的时候。"

　　"是。"

　　我是西式点心的拥护者，最喜欢吃派、奶油泡芙、巧克力蛋糕等甜点，一直觉得和果子是上了年纪的人吃的点心。

　　"快品尝吧！"

1　译注：日式点心

"……"

又没有沏茶，无茶配馒头，总觉得会哽在喉咙里。

一旁的道子也看着馒头。

"……"

"别客气，快拿起来吃吧！"

我们俩只好拿起馒头咀嚼，而武田阿姨这时才开始沏茶。我还是头一回这么近距离看人沏茶。

阿姨迅速地搬动器具，一边打开盖子、舀水，一边将搅拌用的竹刷拿起来看了好几次，利落的动作有如跳舞般赏心悦目，其间还用白布巾擦拭茶碗。

虽然不明了这些动作的用意，不过看起来似乎并不难。阿姨将绿色粉末盛入碗中，注入开水，"唰唰唰唰……"开始搅动。

（没错，就是这样，这就是沏茶！）

发出声的饮用

然后，一碗茶放在我的面前。

中学时，全家曾一起到京都旅行，在龙安寺里，我喝过这样盛在黑色茶碗中，只有一点儿茶水，却满是泡沫的抹茶。父母亲觉得很好喝，可是我和弟弟才喝一口，就皱着眉头说："好苦啊！"

（为何大人们会觉得这么苦的茶好喝？）

其实，就像是第一次品尝黑咖啡、喝第一杯啤酒，成人的饮料总留存着苦涩的滋味。

我喝抹茶的经验也仅止于那一次。

茶碗里的泡沫覆盖了大半青汁状的抹茶。

"抹茶先喝两口半！最后要出声喝完，一滴不剩。"

"咦？要喝出声音？"

"没错！最后喝出声，代表喝完的暗号。"

小时候，曾经有将果汁"咕噜咕噜"一口气灌进喉咙的体验。可是长大后，听太多"在欧美，喝汤时发出声响是很不礼貌的行为"之类的话，现在参加婚宴时，只要听到乡下的阿伯稀里呼噜喝浓汤，就会不由自主地脸红。

（总觉得，很讨厌……）

虽然心里有点儿抗拒，可是喝完两口，第三口下定决心，发出"窣——"的一声。刹那间，觉得耳边真的响起"窣——"声。其实，腼腆的感觉只在一瞬间，尝试之后反而有种快感。

不过，茶还是苦涩的。这种苦涩滋味却由于口中残留的馒头甘味中和而淡化了。

"帛纱要'啪'地扯响，那样好奇怪哟！"

"喝茶要喝出声，也很奇怪。"

当天，我和道子一路笑谈文化上的小冲击，慢慢走回家。

第二次上课，我们遇上更多难以理解的事。

不必问为什么。

第二次上课，首次接触到"唰唰"搅拌用的竹刷。

"这叫作'茶筅'哟！"

将细致的筅端向内转圈搅动。

阿姨在只倒入少许开水的茶碗中，用茶筅转圈搅动，然后将茶筅拿到鼻前，如此重复三次奇特的动作。

"好，换你们做做看。"

我们也一边用茶筅转圈搅动，一边将茶筅拿起来。有点儿像"捻香"时的动作。

"……为什么要这样？"

"嗯？为了查看筅端上的细竹条有没有折损。"

"那为什么要转圈搅动呢？"

"不必问为什么。总之，照着做就对了。"

"……"

阿姨拿出白麻布。

"这是'茶巾'。看好。"

一说完，阿姨就用折好的茶巾大幅地来回擦拭茶碗口边三圈。每擦完一圈，还将茶巾放在碗底下转动。

"最后，要在碗底下写平假名的'ゆ'字哦！"

"为什么？"

"别问为什么。一直问'为什么'，我也很伤脑筋。总之，不懂也没关系，照着做就对了。"

好奇怪的感觉。通常学校的老师们会说："刚才的问题，问得很好。不懂的事，千万不可囫囵吞枣装懂。有不了解的地方，一定要问到懂为止。"

22

所以，我一直以为问"为什么"是很好的学习态度。

在这里，这样问却很失礼。

"理由并不重要，重要的是照着做。也许你们会觉得反感，但茶道就是这样。"

从武田阿姨口中听到这样的话，感觉很意外。

可是，那时候武田阿姨却用满怀感念的眼光看着我们说："这就是茶道，没什么道理好说的。"

「沏茶」与「榻榻米上学台步」

第三次上课，终于开始练习沏茶。

"茶道中称沏茶为'御点前'，其中最基本的就是沏薄茶。"

这次是在廊下凸出的一个像茶水间的地方练习。

"这里是'水屋'，就像茶室的厨房。"

水屋中有水管、洗涤槽、水盆等设施，棚架上也整齐并列着茶碗及道具。

阿姨取出一个颇清爽的青条纹壶，在壶中倒满水，并用白布擦去壶上的水珠，合上黑漆涂布的壶盖。

"首先，捧着这个'水指'[1]，端坐在茶室的入口。"

"是。"

在和服垂袖厮磨的沙沙声中，阿姨消失于拉门后。

捧着沉甸甸的水指，我慢慢走到入口处端坐下来。

"捧着水指，进来。虽然很重，但注意水平捧好，别让水溅出来……"

为了稳住沉重的水指，我的手肘不由自主地张开，手指也撑开来捧着。

"啊，手肘别张开，手指并拢。水指往下放时，先用两手的小指指腹撑在榻榻米上。"

"是、是。"

"'是'说一声就好。"

"是。"

于是我将手肘往内收，五指并拢，小指往下撑着，并且（嘿咻地）用力站起来。

"沏茶时，重的东西要轻轻放下，轻的东西才重重放下哟！"

（咦？"重的东西要轻放"，怎么放才对呢？）

总之，不能露出（嘿咻）那种样子，要轻松站起来。

---

1 译注：装水的器具，所装之水供茶釜烧水之用

才踏入榻榻米房间一步——

"等一下。进茶室时，一定先踏左脚。还有，绝对不可以踩到门槛和榻榻米缝边……好，请进来，来到茶釜[1]前面。"

（不会吧！连先踏哪只脚都有规定？）

我用左脚大步跨过门槛，没想到——

"榻榻米一叠要走六步！第七步时，一定要跨过榻榻米的缝边。"

（什么！我这么走法，岂不是不够步数。）

为了达到步数，我不得不改变步伐，蹑足踮脚地走路。

只见一旁的道子说不出话来，颤抖着双肩，脸颊潮红："真像小偷。"话才说完，就拭起泪水。我也觉得脸变得红通通的。

（已经二十岁了，还像刚学走路、脚步不稳的小孩，需要人教导"走路的方法"……就像一个任人摆布的木偶……）

---

1 译注：煮水用的有盖铁制器具

「形」与「心」

早已听闻茶道的礼法有许多麻烦处，可是这些烦人的细腻之处反而充满想象。

譬如，用水勺从茶釜里舀取一勺水倒入茶碗中，光是这样，就有许多必须注意的地方。

"啊，你现在只是舀水的表面吧！舀水时，一定要舀茶釜最底下的水。在茶道里，这叫作'中水、底汤'，而且是要舀取正中央、最底层的哟！"

（从同一个茶釜中舀水，无论上层还是底层，不都一样吗？）

虽然心里嘀咕，但还是依照阿姨所说的，将水勺"扑通"沉入茶釜底取水。然而——

"不可以让水勺发出'扑通'声。"

"是。"

正要将舀取的水倒入茶碗时——

"啊,不是从茶碗的'侧边',而是从'前面'倒入。"

依照指示,将水从茶碗的"前面"倒入。但水勺还在滴水,为尽快弄干水滴,我甩了甩水勺。

"啊,不可以那样。要慢慢等水滴光。"

必须处处留意细节,这实在令人焦躁不安,而且觉得束手束脚,没有任何地方可以让人自由发挥。

(武田阿姨真会折磨人!)

当时,我的心境就像委身缩在剑从四面八方刺进来的箱中的魔术师助手。

"茶道呢,最讲究的是'形'。先做出'形'之后,再在其中放入'心'。"

(可是,未放入"心"而徒具外貌的"形",不过是形式主义。这样不就是硬把人嵌进某种模具中吗?何况从一模仿到十,尽做些无意义的动作,未免太缺乏创造性了!)

我觉得自己被嵌入"恶质的传统"模式中,已到了难以忍受的地步。

「唰唰」

进行到可以用茶筅搅拌茶时，终于松了一口气。

（再怎样，到了用茶筅搅拌茶的阶段，总可以自由发挥了吧！）

我精神抖擞地拿起茶筅，"唰唰"地仔细搅动。

"啊，别搅出太多泡沫！"

"咦？"

真意外。抹茶不就是要像卡布奇诺一样，上面要有一层奶泡吗？

"虽然也有讲究打满细泡沫的流派，可是我们这一派不时兴这样，而是要将泡沫漂亮地搅出一块月牙形的茶水面。"

"月牙形？"

茶筅端那么大，怎样才能在覆盖泡沫的水面上留出"月牙形"呢？听起来真像武侠小说中的"武功秘籍"。

习艺精神

武田阿姨十五分钟便完成的御点前，我却花了一个小时以上，虽然原先以为会耗费更多的时间。

坐在水屋的地板上，我伸直了双脚，动一动麻木的脚趾，但阵阵刺痛感仍令我相当难受。

"脚麻渐渐就习惯了。现在，我就可以端正跪坐好几个小时。"

跪坐好几个小时，真是令人难以置信。

这时武田阿姨又说："典子，如何？刚刚的内容记住了多少？要不要自己从头到尾试一次！"

"……"

我的脚还是一阵阵麻痛，就被问"记住了多少"，心里不由得产生抗拒感。说起来，我在学校的成绩还可以，记忆力也不算差；虽然运动不太行，不过，手巧是公认的。

（何况茶道不过是老掉牙的传统技艺，小事一桩。

一定要让武田阿姨刮目相看，瞧瞧我的厉害，称赞我："瞧，你不是做得很好吗？"）

我有点儿跃跃欲试。

"好，我试试看，从头做一次。"

可是……

连走路都不会，不知该坐在哪里好、先伸哪一只手才对。该先拿什么，怎么拿才正确……手脚完全不听使唤。

没有一样是做对的。即使是刚学过的，也没有一样留下来。

（瞧，做不来吧？这个也做不来吧？）

每一样都被人念叨，只能从一到十照着指示做，好像人偶一样被人操控着。

只因为我太看轻这"老掉牙的传统技艺"，看起来容易、很"轻而易举"的事，却完全过不了关。学校的成绩，至今学到的任何知识、常识，在这里都派不上用场。

"如果那么容易记住，那就厉害了。"

武田阿姨用安慰的口吻微笑说。从远处望着她身穿和服的笔挺之姿，我不禁由衷地佩服起来。

（不知何时自己才能像她一样，流畅地完成御点前？）

从那时候起，武田阿姨真正成为我心目中的武田老师。

　　当时自己也领悟："绝不可自视过高。学习任何事物，一定要从零开始。"

　　真正的学习之道，就是在教授者的面前将自己归零，敞开心胸从头学起。既然如此，我何必一直固执地抱着某些观念来学习呢？心里总有"这样的事很简单""我也可以做到"等不正确的想法，实在太过自傲了。

　　无聊的自傲，只会成为自己的绊脚石、甩不掉的心理包袱。一定要舍弃这些包袱，让心里空无一物，才能无所窒碍地容纳任何事物。

　　"非得改变心情，从头学起不可。"我由衷地这么想，"因为，我一无所知⋯⋯"

第二章

自然上手

『说是学习，不如说是养成习惯』

我开始全心全意不断练习御点前。

"鞠躬。……深呼吸一下。将水翻拿近膝盖。"

"水翻？"

我不由自主地四下张望，道具名称和实物一直都不对应。

"在你的左边哟！"

水翻就是盛装清洗茶碗水的道具。

"茶碗放在自己面前。……'枣'放在膝盖与茶碗之间。"

我很快地将"枣"从一旁抓取过来。

"啊，不是这样。'枣'要这样拿着。"

老师将"枣"斜朝上轻握着。

"……好。然后折帛纱！"

依老师所说，开始折帛纱，并"啪"的一声扯开再折小。

"在'枣'上擦'て'字形哟！"

只是跟着老师的指示，将道具从右移到左，擦拭，再旋转开盖子，然后盖上盖子。依指示做动作而已，完全不知自己在做什么。

即使重复三次、五次、十次也是一样。

每次都听到同样的指示，将道具从右移到左，擦拭，再旋转开盖子，然后合上盖子。

"啊，'枣'的拿法还是错了。"

"要用右手握住这里，再换左手拿哟！"

每次总有数十个地方被提醒。

"究竟在做什么？我完全不明了。"

"我也觉得。每次都像第一次上课，好像从来没学过。"

"是的，每次都和第一次一样。"

下课后，我和道子在回家途中的一家咖啡店里互吐苦水。

不过，武田老师曾说："最重要的就在于练习次数，上一次课可以练习好几次。俗话不是说，'说是学习，不如说是养成习惯'！"

每周上课她都重复同样的话。

"好，行礼，深呼吸一下。拿近水翻，再拿茶碗。然后是'枣'……好，开始折帛纱。"

重复十五次，再重复二十次。虽然听到"水翻""茶筅""茶勺"等名称时，眼睛不再四下张望寻找，但还是不了解自己在做什么！

折好帛纱后，我突然呆住。

"你握着帛纱，接下来要做什么？"

（……）

"用来擦'枣'呀！"

拿着水勺，又僵住了。

"唉，拿着那根水勺，打算做什么？"

（……）

"不先掀开茶釜盖，怎能舀水呢？"

如果老师没有下一步指示，就不会有进一步的动作。

这样下去，再练习一百次也一样，得想办法记住顺序。

"嗯——水翻、茶碗、'枣'，然后是帛纱……"

我掰着手指记诵顺序。可是——

"啊，不要用背的。"

老师不由分说地制止。

"不可以死记。上课时多练习几次，手脚自然就知道下一步要做什么。"

老师究竟在说什么？有那么多要注意的地方，却"不准用背的"，未免人不近情理。那么复杂的动作顺序，不用脑死记，怎么学得会呢？

每周变化的道具

不仅如此，老师还给我们增加新难题。

每次上课都在水屋里准备好未曾见过的新道具。

"擦拭这个茶器时不是写'て'，而是'二'字哟！"

"这个水指的盖子，是从正中央打开的。"

第一次见到的道具，处理上必定至少有一项需要特别注意的重点。有时也出现装盛道具的案台，案台有圆形、四角、附抽屉等各种形式，而且各有各的处理方式。

尽管我们连基本的顺序都还没搞清楚，但老师一定会根据道具不同的功能来沏茶。因此，每次一看到崭新的道具，我们只好无奈叹气（又来了）。

由于总会出现一些记不住的事物，有一天，我忍不住在上课时记笔记。突然——

"不行！练习时，不可以记笔记。"

没被称许"很好，很棒"也就罢了，连为什么被骂都不知道。我吓得愣住了。这里的一切都和学校不同。

"喂，道子，到底要多久才能完全记住御点前？三年？四年？你不觉得用同样的道具练习比较好吗？"

"嗯，我也这么认为。老师为什么每周都要换道具呢？"

"如果我是茶道老师，一定用同样的道具让学生做基本练习，直到他们完全会为止。"

重复二十次，再重复二十五次。

就这样一无所知地过了三个月，八月上课暂停，放了一个月的暑假。在假期中，我连帛纱也不曾碰过，道子则参加学校的旅行团跑去国外玩了。到了九月，道子还没有回来，隔了一个月再上课时，只剩我一个人。

（讨厌，一定又全丢还给老师，什么都不会。）

天气还很热，光是走到老师家，我就已经汗流浃背。

武田老师家没有装空调，门窗全部打开后，十分通风；不过，随时可以听见大马路上传来的汽车、脚踏车声，以及人们停下来交谈的嘈杂声，还有庭园树上蝉的鸣叫声。

很久没跪坐在茶釜前。

40

"行个礼。好，深呼吸一下。然后拿近水翻，再拿茶碗。然后是'枣'哟！"

我一边听着和一个月前完全相同的指示，一边默默做动作。背上汗水直流，脚也开始发麻。

当御点前快结束时，却发生了怪事。

"然后是收回水翻……"

就如老师所说的，将盛装清洗茶碗水的水翻往后收回时，手不自觉地往腰上取了帛纱。

（啊……）

手不自觉地在做动作。脑子里根本还没想到"下一步"，手下意识地就动了。

从水指到茶釜，水勺像在虚构轨道上移动出漂亮的曲线。茶釜盖子一盖上，视线自动移到尚未盖上盖子的水指，手迅速伸向盖子。

老师微笑点头。

突然，手毫不迟疑地移动，完全不受拘束。

（真不可思议，究竟是怎么了？）

下一个周末，在水屋见到刚从国外旅行回来的道子。她喊着"小典"，晒黑的脸就凑了过来。

"小典，暑假期间有做过练习吗？"

"嗯。完全没……"

"真的吗？我也是。连帛纱都没折过哩！"

她一脸的不安，捧着水指走向练习场。我在一旁观看道子进行御点前，才终于明白之前的感觉。脑海里才想到要拿水勺，手已经迅速抽出帛纱，掀开茶釜盖。然后，想到要舀水时，手已伸向茶筅。

"原来如此！"

不断重复的一个一个的小动作，点点滴滴串联起来，不知不觉间连成一条线。

我们的御点前开始接成一条线了。

相信自己的手

不过，还不算是一条平顺的直线。

沿线前进中经常还会有中断。每次进行御点前时，只要一听到"啊"，就会有是否又弄错了的不安感。一旦有迟疑，便会开始想：嗯——要这样，还是那样……

但老师总是摇头说：

"啊，不要想太多，别考虑。"

"马上做，不要思考。手自然知道，听手的感觉行事。"

（"听手的感觉"，有人这样说吗？）不过，不知为什么，我们真的自然而然学会了御点前，顺利完成所有动作，自己也不明白为什么！

武田老师微笑着说："瞧，不要思考，相信自己的手。"

第三章

集中精力于『当下』

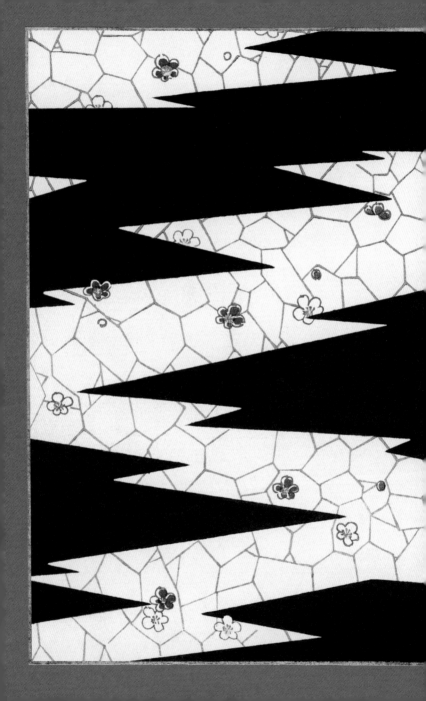

突然改变样式

好不容易学会的御点前突然又有了改变。

这一年的十一月，我们学习茶道已经满六个月。上课时，一踏入茶室，（咦？）发现室内又变得不一样。

茶室的榻榻米地板上，出现一个棋盘大小、如地炕般的四角形凹穴。凹穴四边镶着黑框，里面刚好放入一只带耳的茶釜，正冒着热气。

我和道子都盯着这个突然出现的凹穴看。

"请注意，从今天开始，每次上课都会有'炉'。"

那凹穴就叫作"炉"[1]。茶室的地板下，本来就挖有"炉"。夏天时，因为上面铺着榻榻米，所以看不见，到了十一月上旬，农历所谓的"立冬"时节，便移去榻

---

1 译注：亦可称为"地炉"

榻米，开启"炉"。

"开炉就是'茶人的正月'哟！"

老师朗声说，室内充满了紧绷的气息。

（才十一月，为什么说是"正月"呢……）

水屋里摆放的道具，也与先前的不同。茶碗是质地较厚、口较小的深底形。

"到了冬天最寒冷的时候，还会用到更能保持茶汤温度的'筒茶碗'。它的底更深、碗口更窄。"

这时，我想起盛夏时所用的"平茶碗"，外形像昔日的灯罩翻转过来，是底很浅、口宽广的茶碗。

"那么，我们就开始御点前吧！"

"是，请多多指教。"

我像往常一样走进榻榻米房间，在同样位置端正跪坐下来，将横放在水翻上的水勺稍微举起，并从其中取出竹制的盖置。所谓的盖置是用来放置茶釜盖，约四五厘米高的置架。我才将盖置放在以往的位置上时——

"好！就这样，朝炉的方向转身。"

"咦？"

"拿着盖置，面向这边，这里才是你的正前方哟！"

老师迅速指向炉的凹穴一角。

照老师说的，转身朝那方向时，我变成坐在榻榻米的斜角上。既不是朝前坐着，也不是横向坐着，而是斜着向四十五度角坐，感觉好奇怪。

"有炉的时候，要这样斜坐着进行御点前。"

而且不只是坐的位置。

"有炉的时候，盖置要放在这里。"

"啊，有炉的时候，你的茶器和茶筅要并排放在这里。"

"有炉的时候，端出茶碗的地方在这里喲！"

道具的配置完全改变，应该有的都不在原来的位置上，我又开始四下张望。所有的环境一变，我又变得手足无措。

"老师，那之前的御点前是……"

大胆问老师，她回答说：

"那是夏天的茶。

"这是冬天的茶。"

她还摆出慎重的介绍手势。

"哦，夏天和冬天的御点前不一样吗？"

"没错。"

"咦——这么说，那之前的御点前……"

"别管了，先把夏天的御点前忘了！"

我听得目瞪口呆。

（之前练习了不下数十次，还得注意那么小的地方，就只一句"忘了"，为什么？）

好不容易建立起来的自信全毁了，累积的经验也变得毫无用处。只觉得脑袋一片混乱。

（为什么一年中不一直进行同样的御点前呢？）

"好好改变心情。有炉的时候，就集中在炉的御点前上。"

不管愿不愿意，我们在无数疑问与混乱中开始了"冬天的茶"。

冬天的茶

又要从零开始。依老师的指示，将道具从右移到左，舀水，掀开茶釜盖再盖上。

"水勺口要朝下哟！……不对，不是靠在上面，而是放在下面。"

"哎呀，你有将勺柄靠在炉边三分之一的地方吗？"

"眼睛看哪里呢？茶巾在这里吧！"

不断出现和"夏天的茶"不同的顺序和注意要点。

光是适应这些就很耗精神。脑海里偶尔还会想起之前所学的，可是不忘记就无法进行现在的练习。

五次、十次、十五次，一再重复……

回家的路上，我将大衣塞进手提袋里，和道子并肩漫步。

"今天，我又错得离谱。"

"我也是，弄得乱七八糟的。"

彼此聊得哈欠连连。

由于出错情况一直未见改善，到了周六，心里就开始挣扎："啊——今天真不想去上课，要不要逃课呢？"

虽然还是不情愿地去上课，但在有暖炉的水屋中，每周等待着我们的仍是新的道具。

"平行的'枣'要这样握在手里擦拭！

"筒茶碗要这样擦拭。

"坐在这种案台前时，要先将火箸[1]拿开。"

（不会吧……）

从未见过的道具、案台，让我们伤透了脑筋。

因为实在过于复杂，所以经常出错。为了避免再出错，我们只有专注眼前。这么一来，脑海里不再胡思乱想，甚至有数秒处于真空状态。那一瞬间才能完全抽离现况。

这样上完课后，回家的路上总感觉特别神清气爽，先前想逃课的焦躁情绪也一扫而空。

连起初感觉很怪的"斜四十五度角"坐姿，也渐渐适应了。

渐渐地，一切变得理所当然，也不再发生四下张望找东西，或是发现（啊，在那边）而缩回伸出的手等情况。

每练习完一次御点前、拉开拉门时，从廊下"嗖"

---

1 译注：夹炭用的火钳

地灌进的冷洌空气，总让我们体会到寒冬里拉门具有多么良好的保暖作用，以及炉的强劲火力。

夏天的茶

学习茶道满一年时，我和道子已成为大学四年级的学生。放黄金周假期时，正是樱花开始飘落、树梢发出油亮的新芽、无须再披毛衣的时候，我和同组讨论毕业论文的同学一起去旅行，道子则回老家省亲。

连休假日结束后，再去上课时，炉已经消失无踪。

五月上旬，到了农历所谓的"立夏"时，炉上盖了榻榻米。

"好，现在变成'风炉'[1]了哟！今天开始是'夏天的茶'。"

放上茶釜烧水时一定放在房间的角落。

不见炭火，总觉得一切远离了"火气"。

远离了"火"，换成要靠近"水"，所以这次静置在榻榻米上的是造型像向日葵般扁平大口径的鲜黄

1　译注：即茶炉，外形似钵

水指。

"那么，开始吧！"

"是。请多指教。"

像以往一样，我正从水翻中取出盖置，转身斜四十五度角端坐时，却僵住了。

对了，已经没有炉了。

"你面朝哪边坐呢？呵呵呵，忘了吗？"

"……"

变得什么也不懂，将半年前所学的都忘光了。

"要面向前坐哟！盖置是放在茶釜侧边的那个角落吧！……水勺要放在那里，然后行个礼。……好，深呼吸一下，拿近水翻。"

老师一一指示，我的动作像机器人般笨拙，就像刚入门的初学者。

再次回到原点。半年前所学一无所剩的虚脱感，加上不得不抛下好不容易才学会"炉点前"的抗拒感，让人心情真是一片混乱。

（为什么不一直练习同样的内容呢？）

总觉得再怎样努力也是徒劳无功。真不知武田老师是否了解我们这样的心情！

"有风炉的时候，一定要用风炉的礼法。炉点前的礼法就要忘记。"

　　老师只是一个劲儿地积极向前，绝对不停留，也不容许我们恋念逝去的季节。

　　"好好转换心情。现在，只要专心眼前的事，集中精力于'当下'。"

第四章

观有所感

"主人"与"客人"

我和道子交替扮演"主人"与"客人"。当一方（主人）沏茶时，另一方（客人）就负责喝茶。所以在扮演"主人"时，为避免犯错总是很紧张；反之，当"客人"就比较轻松。

每次换我吃着果子，发呆等待出茶时——

"好好看，主人是怎样沏茶的。"

道子沉稳地"检视茶筅"，一边向内转圈搅动着茶筅，一边将茶筅拿起来查看筅端有没有折损。她右手手指漂亮并拢，与往内缩的手肘形成一条直线，水平捧着茶碗，用白色茶巾大幅擦拭碗口边三次，纤细的手腕灵巧地做出动作。同样是沏茶，道子的动作显得很自然，很像她平常的为人。

"观看别人时，常常会产生'啊，这个动作真漂亮'的感触！观有所感是很重要的学习哟！"

经老师这么一说，我们才发觉还没有真正看过武田老师的御点前。

最初的一堂课，虽然老师也有沏茶，但当时我们对御点前一无所知，连老师在做什么都搞不清楚。只记得她的动作一气呵成，像跳舞般令人赏心悦目。

教"折帛纱""检视茶筅"时，老师虽然也有亲自示范给我们看，可是之后就只有口头上教我们要这样或那样。

我们再次观赏到武田老师的御点前，是一月学生全员到齐的"初釜"[1] 聚会。

---

1 译注：新年第一次沏茶

初

釜

初釜虽然是每年开春的"第一堂课",但实际上与平时的上课不一样。所有学生齐聚一堂与老师互道新禧,享用羹食,然后观赏老师的御点前。因此,也可说是新年的开学典礼。

这是我和道子第一次穿和服上课。上午我们就整装好前往老师家。到了老师家,像往常一样说声"午安",大门一打开,却比往常显得安静,只见玄关地板上整齐排列着一双双木屐。

固定在周三上课的五位太太已经来了,正悄悄地低声交谈,其中一位身穿紫藤色和服、腰系金带的中年妇女向我们点头打招呼。这么正式的气氛和平常完全不同,让我们这两个没见过世面的学生不禁紧张起来。

初釜的练习场地铺了一层崭新的白布,感觉相当清爽明亮。壁龛的柱子上挂了一只青竹彩绘花瓶,瓶内插着红、白两朵含苞待放的椿花,以及与较大朵椿花系在一起的垂柳。字画上可见"鹤舞"或"千年"的笔墨。壁龛正中央的白木案台上,装饰着三个金黄色的小米袋。

（这就是所谓的"日本新年"吧。）

不过，我的目光却被以往上课练习的场所吸引。那里摆放着一个摩登、崭新的茶具。

黑漆漆的！

（黑漆漆的光泽，充满成熟的韵味。）

如此成熟的黑色中点缀些许金色，配上一点乳白加土耳其蓝，充满异国情调。

以往我总以为所谓的"传统"就等同于古老，事实并非如此。真正的传统是推陈出新，维持崭新、摩登的气息，这与我之前的想象完全不同。我就像身处日本的异乡客，又像是百年前法国人乍见憧憬中的日本那般大开眼界。

武田老师穿着袖摆上印有家徽的宽松和服，两只手撑在榻榻米上，对大家说："各位，新年快乐。今年也请多多指教。希望大家在这一年中更努力精进学艺！"

学生们也将扇子朝向前拿，一起鞠躬说："今年也请多多指教。"

然后才抬起头来。打完招呼，老师就表示："好，今天由我来沏茶。我也可能会做错，大家要注意看哟！平常只是动嘴纠正大家，或许我自己也做不来哩！"

一阵谈笑缓和了室内紧张的气氛，接着老师的身影就消失于水屋中。

老师的行礼

学生七人静待老师的登场。

老师在初釜展示的是浓茶点前。若将"薄茶"比喻为卡布奇诺，那么"浓茶"就可以称为 Espresso。抹茶的种类也分很多等级，御点前所用的都是上等好茶。薄茶是一人沏一碗，浓茶则是将数人份的茶沏在一个碗中，每个人轮流喝一些。

拉门拉开了。

老师将双手平放在膝上，环视我们学生一圈后，自然迅速地将头低下，再慢慢抬起头。

光是这样一个动作，就让我感动不已。

老师鞠躬的模样，就像是鸟儿瞬间展翅抖动身躯，再轻松恢复原貌般优雅自然。

她优雅表达"敬意"，富于谨慎含义，却毫无卑躬屈膝之感。

鞠躬并非只是向对方草草低头而已。单纯的一个鞠躬可以涵盖无数的意念，即在"形"中包含着"心"。

（原来是这样啊……）

之前也看过武田老师鞠躬，但此时我才真正了解母亲所说的"很不一样的鞠躬"之深意。

老师的浓茶点前

老师拿起内侧分别为金、银色的两个茶碗，迅速站起来，在榻榻米上轻移脚步。她的白袜踩出轻盈的步伐，有如进出舞台间、专业的音乐演员走台步。

在大家专注的眼神中，老师慢慢深呼吸，开始进行浓茶点前。将水翻拿近、茶碗置于面前，和我们平日接受指示的动作一样持续进行。

接下来，将装着茶罐的美丽锦织布袋拿至膝前，熟练地解开系着的绳子。

老师的双手看得出是一双常做家事的手，手指相当灵活，处处可见历练的智慧之美。她好像在脱下珍贵的衣服一般，慎重地打开锦袋口，再将袋口稍微向左右拉开，拿出袋中的茶罐。

折帛纱也有与众不同的律动感。

同样材质、大小的一块布料，经老师的手折叠后，就像舒芙蕾（souffle）般蓬松柔软。

老师用松软的帛纱折巾，先在茶罐的盖上擦出"て"字形，再一气呵成顺势往下擦完整个罐身。她擦拭的动作相当轻柔，而且动作一个接一个，毫无停滞。

"……"

大家都目不转睛地看着老师，不放过任何细节。

不过，老师的每个步骤都没有添加特殊动作，也没有任何故意引人注意的花招，更无省略或不正确的慌乱之处，一切均依照平日对我们的指导那样自然往下进行。

（究竟哪里和我们不一样呢？）

或许就像是从未经污染的山间涌出而被称为"名水"的水吧！未经添加也不必过滤的好水，如玻璃般无色透明，也无味无臭，畅饮时绝对不会哽噎在喉咙，而是一路沁凉畅快到底，通透全身。老师的动作就是那么从容不迫、轻快顺畅地进行着。

如此顺畅地沏茶的过程中，唯一画下逗点、句点的地方，恐怕只有放置水勺或茶筅时发出的"咔嗒"声吧！

当往浓茶中倒入开水，慢慢开始搅动茶筅之际，老师提醒我们，此时一定"要细心注意，有如在提炼贵重的物品"。由于相当谨慎，形成一股难以形容的氛围，犹如臻至御点前巅峰，令人不由得产生紧张感。最后是写"の"，然后慢慢将茶筅取出。

大家终于"呼"地松一口气。

我们的眼睛追逐着老师手边的动作，头脑却意外觉得清新愉悦，就好像用眼听音乐一样。然而，老师自始至终不受我们影响，优游自在地专心沏茶。

"好好观察。观有所感就是学习哟！"

没错！正如老师所说的，顺畅、不出差错的过程中自有深意。即使是中规中矩的动作、单纯的敬礼，自然表达的动作展现出人体内的"气"，身体的语言是无可比拟的。

第五章　目睹真品

茶
会

学茶道第二年的三月，老师对我们说："下次如果有机会，想不想到外面见识一下，参加茶会呢？"

"咦，茶会？"

由于有机会见识"社交界"，那一大，我和道子在回家的路上显得异常兴奋，不禁开始幻想起各种情境。

"一定会铺红地毯，有现场钢琴演奏吧！"

"就像《细雪》那样，有很多身穿和服的高雅女子在日式庭园中漫步。"

"还有，笑声都是'哦呵呵呵'的！"

"像那种很爱讲排场的富家女……"

"是啊！还会笑着说挖苦人的话。"

"哇，她们还会说'要比美，谁怕谁'哩！"

听到"茶会"，我们就如此丰富地想象出"奢华""小心眼""仗势欺人"的通俗剧情。不过，也隐约觉得真实的情况不是这样。

茶会当天，我们比平常早起，跟着老师前往横滨本牧的三溪园。

茶人的早晨相当早，距九点开门还有段时间，三溪园的门前已经人满为患，好像全日本穿和服的女士都来这里集合了。

大部分都是中年以上的欧巴桑和阿婆，不过其中也有一两位欧吉桑。少数几个二十几岁的年轻女孩，都像我们这样，跟在身穿和服、像老师一样颇具威严的中年妇女身后。

趁着开门的空当，"老师"们开始互相打招呼。但不知为什么，大家都压低声音：

"哎呀，您这么早就来啦！"

"今天也请多多指教。哎呀，难得天气这么好呢！"

"是啊，天气好就是最好的招待。"

"哎呀"这种既像是"惊讶"，又像在"寒暄"的感叹词，此起彼伏。

"今天，您打算从哪一席开始传起呢？"

"怎么传比较好？如果传得不好，就没办法全部传完呢！"

"全部太勉强了，不分别按照次序，一定是传不完的！"

"哎呀，那只好彼此加油啰！"

"哎呀，那就待会儿见了。"

欧巴桑们个个神采奕奕。只见武田老师也和这群像朋友般的"老师"，兴高采烈地"哎呀""哎呀"地交谈着，我和道子则紧跟在老师身后，一步也不敢离开。

长长的队伍

上午九点，门一打开，身穿和服的女士们鱼贯而入。我们也随着蚂蚁般的行列，快速通过铺满飞石的走道，来到所谓的"内苑"庭园深处。

三溪园是明治时代一位富商所建的广大日式庭园，园里有许多大小不一的茶室。

此次的茶会由茶道老师团体主办，商借了园中五个场所为会场，并由五位老师分别负责各茶席的招待，小间茶室约可容纳十五人，大间的可容纳二十人以上。十点开始，五个场所同时展开第一次沏茶。各茶席每次沏茶进行三十分钟左右，一直循环进行至下午三点为止。

我不禁想，早知道要进行这么久，根本不必起太早，慢慢来也可以。

不过，由于人数众多，等我们走到时，茶室前的回廊上早已排成长长的队伍。为争取参加第一次沏茶，先到的二十人还争先恐后地往前挤。

既没有"钢琴伴奏"，也不像"社交场合"，只见一群欧巴桑大排长龙，这样像什么呢？

（对了！像百货公司大减价时排的队！）

"穿和服的欧巴桑"沿茶室外弯弯曲曲环绕着的长廊排成两列队伍，较晚到的我们在长长的队伍中，估计至少得等一个小时。

有时，会有人边说"对不起，借过一下"，边挤开人群，跑去上厕所，每次都引起一阵骚动。

"这么多人，你们很吃惊吧！"武田老师苦笑着说。

"以前，我第一次来茶会时，还有人趁混乱直接从铺着榻榻米的书院窗户跨出来。看到这么没水准的茶人，还觉得很失望呢！"

第一回合的茶席准备妥当时，拉门拉开，一位穿桃色和服、二十几岁的女孩对大家行礼说："请各位入内。"

排在最前面的二十个人，一起向后面的人打声招呼说"先进去了"，就依序一个个走进茶室。

不久，先前出来行礼的女孩又出现了。

"还有三位，请进。"她对排在最前面的三个人说。

"哎呀，可是我们有四个人耶，希望能在一起。"戴着时髦淡紫色眼镜、身穿小花花样和服的中年妇人用和餐厅服务生交涉的口吻说。

"真对不起。但只剩三个人的位子……"

"那怎么行,我们四个人是一块儿来的。"

戴淡紫色眼镜的中年妇人和随行三人交换眼色。

"就是嘛,我们一定要一起。"

"可以吧!四个人一起啰!"

但年轻女孩很坚定地说:"这样会对其他客人造成困扰……"

穿小花和服的一行人无视她的制止,依然强行进入。

她们就像在挤满人的电车中一屁股硬坐进座位空隙的欧巴桑:"抱歉,请大家挤一挤。"

边说边毫不客气地要大家挪动位置,造成一阵骚动。

『大寄』茶会

之后，每次参加茶会都会见到这样的情景。像这样聚集无数成人的公开茶会，就被称为"大寄"。

"大寄"茶会是见识各种人的社交场所。

有时，在走廊下排队等待时会听到这样的交谈：

"啊，对了。前些日子你帮我代垫了一些钱。"

"老师，没关系。"

"不可以这样。"

我不由得往说话者的方向看。

一个年约七十岁的"老师"和四十岁左右的"弟子"。老师先从手提包中取出钱包，再从和服腰包中抽出"怀纸"[1]，像是不想让"弟子"直接看到似的，侧身将钱包

1　译注：装盛果子的纸

放入怀纸中。我被她手指灵巧的动作吸引。这位"老师"又从手提袋中拿出一根唇笔，我以为她要涂嘴唇，没想到她拔去唇笔盖，很快在怀纸包上写了一些什么。然后，她将唇笔放回手提袋，两只手捧着怀纸包，对"弟子"说："非常感谢。"

这时，远远可以看见怀纸上写了"のし"[1]两个红字。

我生平第一次觉得这样年纪的女性很棒。

以下是发生在另一次茶会的事。

"还有三位，请进。"

坐在前面的一位身穿深橄榄色和服、腰系青铜色腰带的六十岁左右女性，摘下老花镜，转头对排在后面的我们说："请先进去！你们一共三位，对吧！"

"可是……"

让我们先进去的她，已经等了三十分钟以上。

"别客气，我有带书来看。"

老太太微笑着让我们看她盖在膝上的高级骆驼毛毯，上面有一本摊开的书。

没错，从刚才她就一个人一直看着书。由于老花眼不能看太久吧，每隔一段时间，她会抬起头来望一下庭

---

1 译注：表示附加在礼物上的礼签

园的景致。那自得其乐的身影，在走廊嘈杂的队伍中显得相当独特。

"谢谢。既然您这么说，那我们就不客气了……"

我们走到茶室门口回头示意时，发现她又沉醉于书本和自我世界中。

正客的职责

穿着小花花样和服的一行人强行进入后造成的混乱，没多久就平息下来。一静下来，整间茶室只听到玄关处传来的打水声。

（啊，要开始沏茶了……）

连在走廊排队的人也都沉静下来。只剩下在榻榻米上轻盈的脚步声、和服衣袖的摩擦声，还有拍打尘埃的"啪啪"声。

在大寄茶会担任沏茶的，不是主办的老师，而是学生。

一般都是沏两巡薄茶，第一巡要让被称为"正客"、坐最上座的主要宾客们饮用，第二巡才换第二顺位的"次客"[1]喝。

---

1 译注：次要宾客

然后才由负责端送的学生们，将在水屋沏好的薄茶，一杯杯端出给第三顺位的宾客喝。

那么茶室中的主人——"老师"负责什么呢？和最前排的主要宾客谈天，应答他们对字画、壁龛上插花、当日茶具等的询问，还要让其他宾客能尽兴。

坐在前排的主要宾客不只是最先喝茶，也要负责回答其他宾客的疑问和带动喝茶的气氛。所以，坐最上座的都是一些老练的茶人，知识、常识、经验均很丰富。

让位风波

一个小时后，终于轮到我们进入茶室。

"老师，坐哪里好呢？"

"除了正客的座位，哪里都可以。找你们自己喜欢的位子吧！"

虽然老师这么说，但才走进茶室的厅堂，就像玩大风吹一样，人人都开始抢座位。等回过神来时，我们三人已被挤到正中央偏后的位子，我挨着老师坐，道子则坐在我旁边。

最后，剩下最前排"正客""次客"两个上座。

似乎没人愿意坐那两个位子。但仔细一看，大厅正中央还有两个来不及抢到位子的欧巴桑，正不知所措地站在那里。

"请过来坐这两个空位。"

负责招待的女子招呼两人过去坐"正客""次客"的位子。

82

"这怎么行，不敢当。"

两人慌慌张张地，硬是一屁股坐进已经没多少空隙的地方。由于她们强行挤入，大家只好慢慢往一旁移动。最靠近前排的三位宾客，唯恐这样会被挤到"正客"的位子，所以无论其他人怎样推挤，就是不肯移动，死命守在原位上。

看着一群身穿和服的欧巴桑，在茶室里像小孩子一样"你推我挤"，互不相让，真的觉得好奇怪。

"有哪一位愿意坐正客的位子？！"

主人拼命拜托，希望有人能主动出来。

"谁愿意坐正客的位子？！"

"……"

胶着的状态下，时间分秒逝去。

"拜托，有哪一位？正客位子没人坐，没办法开始哟！"主人焦急地说。

不知谁提出"就拜托××老师"。于是，所有人的视线都集中在一个老婆婆身上。

终于有着落了。身穿茶色和服、系黑腰带、身材娇小的老婆婆和同行的一个中年妇人被人从座位上推出来。

"没这回事，不敢当，不敢当。那么重要的位子，不敢当。"

两人很激动地连忙说"不",但在招待的人的拉扯下,被带入"正客""次客"的坐席中。

坐在正客席上的老婆婆约八十五岁。虽然一直说"不",但一旦坐在正客席位上,立刻整理和服,拉好衣领,然后将扇子放在膝前,一脸开朗地说:"哎呀,承蒙各位抬举,今天坐在这个席位,真是不好意思。让我们彼此互相学习吧!"

正客的席位坐满后,整间茶室的人都松了一口气,原先显得很拥挤的座位也变得宽松不少,大家纷纷调整坐姿。

茶
具

　　终于开始沏茶。四周环绕着重要文化财产"袄绘"[1]的厅堂中，二十岁左右的女孩陆续端着茶碗和"枣"出现。或许因为紧张吧！她们的脸颊都红通通的，不过，态度相当从容地开始沏茶。

　　大家目不转睛地盯着她们手边的动作，这时突然听到有人窃窃私语。

　　"喂，那个'枣'该不会是'一朝制作'的吧！"

　　"风炉上有'画押'呢！"

　　"那个炉缘是'高台寺莳绘'[2]，真漂亮耶！"

　　我和道子完全听不懂她们谈话的内容。

　　然后，"主人"和"宾客"开始寒暄。

　　"哎呀，老师，今天真是可喜可贺。茶具都这么棒。"

　　"哪里，真是让您见笑了。"

　　"什么话！这么用心，想必花了很多时间准备吧！"

　　接着，宾客针对茶具询问："这个形状是？""哪

1　译注：隔扇画
2　译注：日本桃山时代漆艺代表，花样多为菊、桐、秋草

个窑出产的？""哪位名人的作品？""上面有落款吗？"
主人一一回答。

"这是惺入的作品，上面有'即中萧'的刻印，落款是'かむろ'。"

"这个炉缘是'而妙萧所好'的'高台寺莳绘'，落款是'かむろ'。"

就像在看法国菜单一般，我完全听不懂。

每次别人讨论"鹅肝排，淋上加胡椒的鲜奶油调味酱；添加白葡萄酒的冰果"，我就很头疼。

"乐吉左卫门""上面印有注口[1]名物""十六代、永乐善五郎""唐草莳绘[2]""落款是'丹顶'""猩萧所好""净益之作""而妙萧的刻印"……

"哇，这真是太棒了""觉得好轻松愉快呢""真是让您费心了"，到处能听到主要宾客们赞不绝口的声音。

其他的宾客也是：

"哇！竟然有即中萧的刻印耶！"

"果真是'一朝'！太棒了。"

大家不停说出"乐吉左卫门""善五郎"等有如时

1　译注：绳文武土器
2　译注：莳绘指漆器上有蔓藤花样的泥金画

代剧中人物的名字，还热切讨论"落款""所好"。和我们上课所学的"茶道"简直是另一个世界，我和道子听得目瞪口呆。

鉴赏

每个人喝完薄茶，还要细细品味所用的茶碗。那个泛着漆黑光泽的茶碗，传到我们这里时，只见老师弯下身看，再小心翼翼地用两只手捧起来观赏，然后轻轻放在我的面前。

"这是乐吉左卫门所做的茶碗哟，好好用手触摸，体验它的重量、质地，再小心翻过来看碗底是否刻有什么。"

"是！"

身旁欧巴桑们的"鉴赏"更是不得了。

她们个个将手撑在榻榻米上观看许久，再捧在手心慢慢感觉它的重量、触感，然后一边推高眼镜，一边将茶碗翻过来欣赏碗底，从里到外仔细打量。轮到我时，起初总觉得好像在算计别人物品的价值，有点儿难为情，不过照着做，试着用手品味，没多久就像握着一个轻巧、温暖的小生物，连先前的尴尬感都消失了。

多年以后，我才知道这个茶碗竟然值数百万日币。

"多参加茶会，亲自用手接触、观看无数的真品，会见

不同的宾客、主办人，也是一种学习哟！"沏茶完成，
"枣"和茶勺并排放在榻榻米上。主人与宾客寒暄结束时，
所有人将扇子摆放在膝前行礼。

　　之后，每个欧巴桑都站了起来，好像要做些什么。
原来大家层层围在茶具四周，有人将"枣"的盖子打开，
有人将茶勺拿在手里说："真是好茶勺呢！""哇，这
炉缘真是太棒了！"

日日是好日

这天的茶会里，我发现一个相当眼熟的东西。

一幅写着"日日是好日"的字画。

我们上课的地方，总是挂着这样的匾额。

"咦，你看！"

"真的耶。和老师家那幅一样。"

是我们见惯的那五个字。

"小典，你知道那是什么意思吗？"

道子问我。

"'好日'应该就是'好日子'吧！"

"然后呢？"

"所以，就是每天是好日子啰！"

"我也知道是这样。可是，就只有这样吗？"

"咦？'就只有这样'？你的意思是？"

这时，一旁一直沉默不语的老师，突然窃笑起来。

道子满脸困惑的表情。我则完全不了解道子在说什么！"每天是好日子"不就是"天天都是好日子"吗？还会有什么其他的意思吗？

　　往后的日子里，我才逐渐印证了"日日是好日"这句话的深意。

学
习

　　茶会中会供应被称为"点心"的"便当"。过了中午，老师将我们带到一间饭厅似的榻榻米房间，可一边欣赏庭园景色，一边吃寿司点心。

　　这时，一个老妇人对着老师喊："啊，武田小姐，今天带年轻弟子来参加呀？"老妇人满头的白发梳成一个髻，身穿合宜的薰衣草色和服，手拿一条仙客来般淡红色的大披肩，直挺挺地站着，让我想起水仙花。她就像以往那些"有教养人家的小姐"，虽然实际年龄超过八十岁，却不会给人老态龙钟的感觉。

　　她也不像那些成群结队的小团体，会仗势欺人地说"我们四个是一块儿来的"，只是一个人在自由行动。我从未见过这么有气质的老妇人。

　　一见到她，我心里就想：将来若能变成这样，多好啊！

　　"现在要去品尝便当吗？我刚刚用过。"老妇人露出迷人的微笑说。

　　"呵，我一定会再来参加！来茶会学习，真是很快乐呢！那么，我先失礼……"

看她优雅地将披肩温柔地披在肩膀上后离去的身影，总觉得有句话不吐不快。

"喂，刚刚那个人有说到'学习'吧？"我边吃寿司边问道子。

"嗯，有啊……"

"像她那样年纪的人，为什么还要学习呢？"

"为什么啊……"

八十岁的人还谈"学习"，总觉得很不相称。说来也奇怪，这一整天在茶会里到处都听得到"学习"两个字。无论是老师们的交谈，还是身为宾客的欧巴桑们……

这时，听着我们的对话，老师又窃笑起来。

第六章

品味季节

怠惰的理由

学习茶道已两年，我和道子都从大学毕业了。毕业后，我在出版社打工，道子进入一家贸易公司上班。

周六的课，原先只有我和道子两个人，现在增加了大学三年级的学生由美子、高中三年级的学生早苗和女警官田所小姐三人，所以每次上课变得相当热闹。

"好，这里帛纱要'啪'地扯响。"

"用茶巾大幅地擦边缘三次。"

看着新同学从入门开始，在榻榻米上蹑足踮脚走路时，我和道子不禁"扑哧"笑出声。

新同学们每次一练习完，就用手捏着麻木抽痛的双脚，还不停唠叨："啊——我究竟在做什么，完全不了解。"

"你们就像看到当初的自己吧！"老师说。

我和道子虽然边笑边点头，但其实现在也还如坠五里雾中，完全摸不清。

到了第三年，我们俩开始学沏浓茶。每周老师都指导我们有关不同形状的水指、大小型案台，还有梧桐木的"茶通箱"[1]的处置方式，以及如何添加木炭、调整火候大小的"炭点前"等步骤。

"好，从右手大拇指开始，手指一根根顺着挪开，左手也是。然后，右手在上，左手在下……"

"炭从这一边加进去时，拿火箸的手要往下哟！"

"哎呀，不是要先擦水指的盖子吗？"

步骤更加复杂，增添了许多小细节。脑子里，沏薄茶和沏浓茶的动作全混在一起，比以前还要乱七八糟。

我们犯了好几次同样的错误。

"哎呀，你这不是第一次了吧！才教过的统统还给我，不必吧！"

"哎呀，连这个也忘了？真是气死我了。"

"气死我了"似乎已成为老师的口头禅。

每次去上课就一定要沏茶，有做就有错。虽然已经上课到第三年，还是经常挨骂，"这不是第一次了吧""气死我了"。

周六的下午，一看到下雨，就会想：这种下雨天，

---

1 译注：装薄茶的圆筒状容器，多为漆器

真讨厌去上茶道课。若是好天气，也会觉得：难得周末的好心情，又要被上课破坏光了，真讨厌。

　　每次上课都想找理由逃课，而且老是挣扎、磨蹭到快迟到了，才不情愿地出门。

　　可是上过课后，心情还是会改变。

　　（啊——还好有来！）

　　为什么会这样？因为武田老师的茶室里，总有什么在等待着我……

和果子

　　庭园里，紫藤花随风摇曳，穿透柿子树新绿的阳光显得格外耀眼，有时还徐徐吹来阵阵凉风。

　　"今天，有冰的'初鲣'[1]，我去切点儿给大家品尝。"

　　老师匆匆消失在厨房里。

　　现在正是"满是翠绿，山杜鹃，初夏鲣鱼"的季节，老师该不会想请大家吃鲣鱼生鱼片吧？生鱼片和抹茶的组合总让人觉得很奇怪，听都没听过。

　　大家也是满脸惊讶的样子。

　　不过，老师拿出来的不是装生鱼片的盘子和酱油碟，而是附盖子的果子器皿。

　　（咦？老师明明说是"初鲣"……）

　　"大家别客气，拿出来吃吧！"

　　每个濑户果子器皿好像刚从冰箱取出来，拿在手里很沁凉舒服。

1　译注：初夏最早上市的鲣鱼

100

一打开盖子，里面整齐排列着粉桃色的蒸羊羹。

"这是名古屋美浓忠的'初鲣'哟！"

"老师说的'初鲣'，原来是果子啊！"

"你们以为是真的鲣鱼吗？真是的，呵呵呵，快拿起来尝尝。"

（可是，为什么羊羹要被称为"初鲣"呢？）

当我用黑漆筷夹取一片在怀纸上时，不禁大叫一声："啊——"

我知道了，这羊羹为什么被称为"初鲣"。

因为它柔软、有弹性，粉桃色剖面上还有波浪形花纹。无论色泽或花纹，简直就是鲣鱼生鱼片。

"真像！"

"是吧！"

老师笑嘻嘻地说。

这个用大量葛粉做成的羊羹，需在蒸熟前再搅拌混合一次，然后放凉凝固。所以切片时，用绷紧的线轻轻一压就切开，剖面还可以看见像鲣鱼生鱼片般的花纹。

（啊，原来如此，难怪有这样的色泽和花纹……）

看到这羊羹片的瞬间，脑海里突然浮现和家人一起围坐在小餐桌边吃新鲜生鱼片的画面，鼻子也似乎嗅到鲜鱼味。

我用竹叉将羊羹放入嘴中，那甜蜜沁凉、入口即化的香醇直击内心。这时，脑海里的记忆与果子的芳香混杂，令我感动莫名。

　　以往，我热爱千层派、泡芙，对传统的和果子不屑一顾。但学习茶道一两年后，我重新体悟了和果子的魅力。

　　光是以甜馅皮包裹的"金团"，三月可以做成外表蓬松的"油菜花"，四月是"樱花"，五月是"椿花"，实在令人赏心悦目。夏天用葛粉、寒天做成的和果子也尽情表现出"水"的沁凉。和果子在食材和味道上发挥无尽巧思，增添了季节感。

　　反观一年中一直都是相同外貌的千层派、泡芙，就显得有点儿无趣。

所谓的品味

十二月中旬，寒风凛冽的日子里，果子漆器皿里会放入黄色的小馒头。

"今天早上，特别跑到日本桥买回来好吃的和果子哦！"

老师经常搭一个小时左右的电车，大老远跑去采买著名的和果子，如银座空也的"贝味瓢"、赤坂塩野的"千代菊"、北缣仓的"青梅"。

"这是长门的'柚子馒头'。"

据说，在冬至用柚子皮泡澡暖身，一年都不会感染风寒。

我们全被黄澄澄的馒头吸引住了。

它们和一般的馒头不一样，表皮像真的"柚子"，感觉粗粗的，有一粒粒凸起的疙瘩，而且蒂头上还有一个绿色的小果蒂。

"哇——做得真像耶!"

"不知是怎么做的,皮竟然会这样粗粗的?"

大家都觉得不可思议。

蒂头上的绿色小果蒂,也是用可食用的豆泥做成的。

"快拿起来尝尝看。"

才咬一口,口中就充满柚子香。馒头皮里真的掺有柚子,才能做出这样的味道和质感。

(真厉害……)

小小的和果子所隐含的卓越技艺,令人惊讶。

老师经常从各地老字号店铺订购季节性的和果子,如福井长谷川柳枝轩的"福和内"、岛根三英堂的"菜种之里"、爱知松华堂的"星之干"、京都龟屋则克的"滨土产"、京都松屋常盘的"味噌松风"、富山五郎丸屋的"薄冰"……

"这是远从长冈买回来的大和屋'越乃雪'哟!"

一月,某个天气阴沉沉的寒冷周六。

果子盘上摆着像方糖一样的白干果"落雁"[1]。

这种被称为"越乃雪"的"落雁",外表看起来很普通,不觉得是特地从新潟县买回来的名点。我拿起一

---

1 译注:用上等砂糖做成的和果子

个先放在怀纸上，然后很快塞进嘴里。

"……啊！"

好惊讶，用牙齿咬下的那一瞬间，感觉果子已在口中融化。

"雪！是雪！"

像雪般入口即化，口中只余留一点甘甜味，这样的感觉令我感动不已。

茶具的演出

学茶道之前，一直以为所谓的茶具大概都是泥巴色的茶碗，古色古香、朴素雅致。其实，完全不是这么一回事。

譬如，一个看似简单的白梅形香盒，一打开盖子，里面却是大红色的红梅图案；外表乌黑的薄器[1]，掀开盖子看，盖子内里却刻有金色的"青海波"花纹；乍看之下，全黑朴质的"枣"，仔细一瞧，外表雕满樱花刻纹，而名称就叫作"夜樱"。

茶具就像经验老到的长者，外表虽然老成，内在却变化无穷，总在不经意的地方呈现巧思。

虽然茶具经常带来如此戏剧性的惊奇，但让我们从中体悟季节感的却是武田老师的"刻意安排"。

"今天，要让你们看看几个……"

老师总是像揭开谜底似的为我们准备惊喜。

1　译注：薄茶器，沏薄茶的容器总称

花的名称

"知道今天插的是什么花吗？"

老师这么一问，我们全都望向壁龛。只见竹篓里竖立着两三朵小花和细长的草，在闷热的梅雨季里，显得格外清凉。

壁龛里一定会摆饰插花。这类插花与宴会上的西式盆花或剑山上有形的东洋插花不同，非常简单朴素，通常只在瘦长花瓶中插入一朵含苞的椿花，或者在竹篓里随意放入几根纤细的野花草。

"这种花，叫什么呢？……"

"这种长得像笔的草，叫作'苦艾草'，粉红色的是'姬笹百合'，还有'缟苇'。"

老师连野生花草的名称也知道。

隔周的周六。

"这是'泡盛升麻''绣线菊'和'荬迷'。"

再隔一周的周六。

"这是'底红'，而这叫作'狗尾草'。"

每周都能听到新的花草名称。隔一周又出现从未见过的植物。

我原本就很喜欢花花草草，从小很努力地了解许多花草的名称。例如：家里的花坛里有喇叭水仙、紫罗兰、铃兰；公园中经常可以看到紫丁香、栀子花、丹桂；附近河堤边可以发现天香百合、鬼蓟、鸭跖草；草地上四处都是姬女苑、马蓼、钓钟草……

然而，对于茶室中的花草，我却一无所知。它们像是不同世界的植物，连花店也没有卖的。不过，这些放在茶室里的花花草草，就是所谓的"茶花"。

这些花草究竟是从哪儿来的呢？

"大部分都是家中庭园里的。"

"咦，就是这座庭园？"

三十年来，老师从各处移植来无数的花草，都种在这座庭园里。从茶道练习场所直接可以看到庭园里有硕大的柿子树和梅树，还有杜鹃花、紫藤花、葡萄、木瓜、椿花、紫薇花、桃树、紫阳花、南天竹、枫树等。树丛间除了散置的石灯笼、铺地的飞石外，只见到一些杂草。

庭园里完全看不到何处长有这些"茶花"。可是，老师经常轻松地穿上木屐拖鞋，手拿着花剪，跑进树丛间就能摘取出花材。

无论是可爱的草花还是朴素的树花，一年四季都将壁龛装饰出不同的韵味，春天充满朝气，夏天沁凉，秋天寂寥中仍具华丽，冬天皎洁。我们也因此知道了无数花草，"鸣子百合""水晶花""金系柏""贝母""鹭草""秋芍药"……

在这座庭园中，被称为"茶花女王"的椿花也有三十多种，老师仅列举出其中数种，如"唐椿""加茂本阿弥椿""西王母""神隐椿"……

花材究竟何处寻呢？我很注意看也没看出端倪，但老师的确是从庭园里剪回来的。这座庭园无疑是一座"秘密花园"。

不过，老师采摘的一定不是已盛开的椿花，而是含苞的。这一天的午后，我们正在练习沏茶时，老师便从庭园中选取了一枝含苞待放的椿花。

"如果叶子能朝这个方向长，那就更好。拜托，往这边长一点儿吧！"

老师一边对花说话，一边将花插入瓶里。

"很简单吧！"

"是。"看起来真的很简单。

"其实，要将茶花插得像'自然长在原野上'是很费事的。看起来愈简单的事愈难。"

有时，老师会一并教导我们花的名称和这样叫的道理。

有些植物很奇妙，芝麻粒般的可爱小花就开在叶子正中央。

"很像人坐在竹筏中吧！"

仔细瞧，还真像！

"所以，这植物叫作'花筏'。"

两瓣细长的花穗上开着小白花。

"有两条花穗的叫作'二人静'，只有一条的叫作'一人静'！"

另外，有细长茎上垂开着硕大的桃红色心形花的"钓鲷草"。

"觉不觉得很像将鲷鱼钓上来时被拉弯的钓竿？"

细长的茎真的像钓竿一样弯曲着。

"原来如此，所以才叫作'钓鲷草'。"

从前的人为花草取名都是从植物生长的姿态来联想的，所以听到名称往往觉得很亲切。

"啊，老师。那这是'金鱼草'喽！"

"不，那不是金鱼，而是鲷鱼。"

"啊——对哦。是'钓鲷草'。"

"啊，老师，今天插的花是蜡梅吧？"

　　"不，虽然花色相同，但还是不一样。这是初春最早开的梅花，称为'万作'[1]。名称从早先的发音'mazusaku'以讹传讹变成'mansaku'。"

　　在这样的对话中，我们渐渐记住季节性的花材名称。

1　译注：金缕梅

字画

"一进入茶室，要先观赏壁龛中的字画和插花！茶道'最棒的待客之礼'就在于字画。"

"待客之礼？"

我能理解和果子及沏茶是很重要的"待客之礼"，茶具也足以让人惊奇，依季节所插的可爱花草、美丽的椿花也很出色。

但是，唯独"字画"，一直不觉得有什么有趣的地方。

"今天画中的字，会念吗？"

"……"

我根本不了解毛笔字要怎样写才算写得好或不好，无论字画的笔墨是柔和富有诗意还是粗犷豪迈，对我来说都只是记号，而且看到很难读或很难懂的毛笔字，更觉得生气。

一听字画上是京都嫌仓禅寺高僧的笔墨，就觉得难过，总觉得这些人在借此向世人炫耀、摆臭架子。

老师像平日一样开始吟诵："今天的字画呢……"

在蔚蓝五月晴天的周六是"熏风自南来"。

微微出汗的夏日里是"清流无间断"。

庭园的红叶、柿子叶均染红的晚秋是"霜叶满林花"。

字画上的词句往往道出季节的特色，可是我从未有过"待客之礼"的感动。

其他同学对字画上的词句也只是点点头，"哦"的一声表示了解，不像看到和果子时，会兴奋地大叫"哎呀""好可爱"。

我们都是很率直的人。

泷

梅雨季刚过的周六，从清晨开始就是三十摄氏度的高温。午后，走去上课时，一路上感觉柏油路面被阳光曝晒得滚烫。

我汗流浃背地踏进老师家的玄关，一边用手帕擦拭额头上的汗水，一边像往常一样将随身物品放在门前置物箱中，换上白袜走进练习场。

"午安！"

打完招呼，先观赏壁龛。里面挂了一幅与人等高的字画。长长的字画上只写了一个"泷"[1]字。

笔墨的气势十足，下方尽是余白，唯有最后一笔一气呵成勾勒至最下方。运劲有余处，墨汁还飞溅成沫。

（……）

那一瞬间，我似乎感觉到飞溅的水花扑上脸颊，像从瀑布潭水中吹上一股冷气。

这时，被汗水濡湿的背脊掠过一阵凉意。

（啊——好凉爽！）

---

1 译注：瀑布

我这才恍然大悟。

（字画，原来是这么一回事！）

难念难懂的念头全然消失。原来，字画上的文字不是用来读的，而是要像欣赏画作般细细品味。

（原来如此。）

字画上很难理解、难以阅读的笔墨，其实别有用意，不是用来判断"写得好或写得不好"，而是一种自由自在描绘、供人观赏的文字画。

用一支笔书写出来的意境，使得壁龛上似乎真的出现瀑布，让人体验到水花飞溅的清凉感。

（真棒……）

老师用"对吧"的眼光看着我。

从那一天开始，我看待壁龛的眼光全然改变。

○

与

雪

十月中旬的上课日，我见到这样的字画：

"○"。

没有写字，只是用笔画了一个大大的圆圈。

"今天的字画，在表达什么呢？"

"……"

"不知道吗？今晚可以赏月。"

"啊！是月圆之夜！"

摆饰在圆月下的花瓶中插着一根细长的芒草。

十二月的上课日，天空灰蒙蒙的，气象预报说"山区会下雪"。这天，老师吟诵的是"腊雪连天日"。

"所谓腊雪是指？"

"十二月下的雪哟！"

仔细观看，字画的裱装布上有点点斑白的花纹。

（啊，像雪！）

我不禁闭上双眼，想象从空中轻飘下雪花的情景。

从字画上能感受到风的吹拂、水花的飞溅、圆月升起、雪花飞舞。

（啊，还好来上课了。）

每次上课，一定会有如此深刻领悟的瞬间。

虽然我们一直重复练习越来越难的御点前，但口中品尝和果子、手碰触道具、眼睛观赏花饰，以及从字画感觉到的意境都是很真实的体验。

每周的茶道课，我们只是认真地以视觉、听觉、嗅觉、触觉、味觉五种感官去感受当下的季节，发挥丰富的想象力。

不久后，就真的开始有所改变……

契
机

如往常一般练习。

客人喝完的茶碗，现在正在清洗……

水勺沉入茶釜中煮沸的水里，满满舀起一勺，将热腾腾的开水缓慢移至茶碗上方，静静地倒入。

嘟噜嘟噜……

连同这嘟噜声，陶制茶碗满溢着热气。

将碗内冲洗干净，倒去热水。

"弄好了。"

接下来，以同样的动作舀水。

将水勺沉放入水指中，舀水倒入茶碗里。

唰啦唰啦……

（啊，不一样！）

声音不一样。

热腾腾的开水是"嘟噜嘟噜"，低沉的声音。

清水是"唰啦唰啦"，清澈的声响。

以往，总听成同样的声音。

不知为何突然听出其中的不同。

这一天，热水与清水的声音开始变得不同。

六月的雨

下雨的日子。

木造房屋拉门在梅雨季中，因为潮湿很难拉开，但门上的纸格子窗却经过冬天的冷缩而变得松垮。

"午安。"

"哎呀，正在下雨，快请进。"

进入茶室，仍能清楚地听到雨声。

啪啦啪啦……

硕大的雨滴像豆子般打在八角金盘叶上。

啪啦啪啦……

雨还拍打着雨棚，在盛开的紫阳花、圆硕的山茱萸上雀跃弹跳。

此起彼落的声响，就像热带雨林中的雨之节奏。

"这就是梅雨季的雨！"

老师自言自语。

这时我才发觉——

（和秋天的雨声截然不同……）

十一月的雨总是下得无精打采，有点落寞似的渗入土中。同样是雨，为何如此不同？

（啊！因为秋天树叶都枯萎了。六月的雨声却是嫩叶弹跳的回响！雨声就是绿叶朝气蓬勃的音响。）

啪啦啪啦……

啪啦啪啦……

声音的美学

"记住，要从更上面倒下来哟！"

倒开水和清水时，老师总提醒我们要将水勺拿高至"它长度的十分之一"处倒入。

"动作看起来比较漂亮。"

另一个理由是："这样倒水的声音很好听。"

稍微拿高往下倒水，声音的确很清脆。

"瞧，这就是声音的美学。"

茶室入口处放有一个凿凹石头做成的"蹲踞"[1]，每逢上课日，里面都会装满干净的水。进入茶室前，一定先在这里洗手和漱口。

上课前，老师会将出水口转松，让水细流慢放。

---

1 译注：日本庭园里的洗手石盆

刚开始学茶道时，总以为是水龙头没拧紧。不过，夏天时曾听老师说："今天很热，蹲踞的水比平常多放了一些。"

才知道原来这是自然的背景音乐。

"蹲踞"的水面，不断滴出水波纹。

滴答滴答……

专注沏茶的背后，总有涓涓流水声，不知不觉听惯了。

地下街的涓涓水声

有一天在新宿站内，由于睡眠不足，加上长时间在人群中挤来挤去的疲累，我头痛欲裂，整个脑袋就像被人用老虎钳钳住般阵阵抽痛。

于是只想尽快远离人群，找个安静的场所休息一下。

我脚步踉跄地搭上电梯，来到地下的食品卖场，在充斥着吆喝叫卖声、人潮拥挤的卖场角落，发现一家甜品小铺。一看到店门口旁有空位，我将手中的提袋放下，向店员点了一份蜜豆冰，就抱着快爆炸的头，一屁股坐下来。

那一刹那，噪声似乎渐渐远离，整个人也静下来。被绷紧的神经，像是被注入一股清凉的甘泉般舒畅。连

126

眼里纠结的神经也像被凉水冲洗过般畅快。由于感觉很舒服，我暂时闭目养神。

（啊，真希望永远保持这样。）

这样抱头坐着不知过了多久，五分钟？十分钟？

抬起头来，头痛忽然消失。

（啊，终于好了。）

将放在眼前的蜜豆冰吃完，坐着放轻松休息。

头痛在短时间内不可思议地平复。

起身想回家时，才发现这样的声音：滴答滴答……

（滴水声……）

回头一看，那里有"蹲踞"。

不是凿空石头做成的"蹲踞"，而是扫除用的盥洗台，一个濑户花瓶在水龙头下承接着细细涓流。

就是那水流声，舒缓我紧绷的神经，治愈我严重的头痛。

（太神奇了！）

我对于水流声神秘的疗效感到惊奇。

突然想起孩童时期读过"希腊神话"中不死勇士的故事。因战争受伤而无数次突然倒下的勇士，只用双手接触大地便奇迹般苏醒、复活。这个故事寓意着人类接触"大自然"的自愈力。

仅是听闻"水声"，就能放松、忘却疲劳，不知不觉中我与自然产生了联系。

　　"好吃！"

　　我精神焕发地走到店外。

味道的记忆

有一天，走进老师家的玄关时忽然发现：这是什么啊？

闻到一股香味，感觉很清新，好像从远处传来的炉火香。

走在廊下时，终于了解。

（啊，这是炭火熏香。）

多少年往来于这间屋子，一直未留意有这样的炭火熏香。我沉睡中的嗅觉神经好像突然被唤醒。

某日，在"搅动茶筅"将濡湿的筅端靠近鼻子时——

（啊……）

那茶水味，突然令我想起以前住过的古老房屋。在梅雨季时听到"哗哗"的下雨声，急忙跑去收晾晒的衣服，走廊地板却早已被淋湿。

某日，从茶釜拿起水勺时，听到风吹过庭园中矮竹丛的沙沙声，突然觉得郁闷难过，泪水不禁流下来，因为想起以往欢庆节日中听闻的风声。

　　掀开夏天的广口水指盖时，洒过水的庭园气息与暑假的解放感，在胸中复苏。

　　将冬天厚实的茶碗握在手中转动、感觉温暖，总能唤醒我童年身体孱弱、卧病在床的寂寞回忆。

　　对过往风、雨味道的记忆霎时间涌现，有所感触又骤然消失。

　　就这样，发现过去无数的自己存在于现在的自我中合而为一地活着。

花地图

发现各种声音、味道的同时，也参悟"茶花"的意境。茶花随处可见。

我就像小狗在特定的电线杆旁留下味道、掌握地盘般，每天非常清楚生活范围内不断上演的茶花地图。

春天，我家对面房舍河堤边上的宝铎花盛开，每株都开着两三朵吊钟模样可爱的小白花；住宅区的停车场上群生着"二人静"；从电车上可欣赏染满河堤斜坡的"诸葛菜"；与邻居家相隔的围墙上总垂开着白花射干；停车场的路肩上经常意外发现"绶草"；爬满公路旁护栏的"牵牛花"，不时绽放出粉红的花朵。

从前，总以为花店里卖的花草已令人目不暇接，其实那只不过是花草世界的一小部分。

去上茶道课的沿路，总是开满无数花朵。少花的季节，叶子也会染上深颜色，即使树叶凋零，裸露的枝头也还会长出红红的果实或小树芽。

老师经常将变色的叶子拿来当花材。

"这样的叶，在茶花中被称为'照叶'[1]。"

只有果实、小芽的树枝也能用来插花，而且都是颇有意境的"茶花"。

以往，我实在太小看它们了。

任何季节皆有茶花，绝不寂寥。

1　译注：秋天变红的美丽树叶

第八章

用心于当下

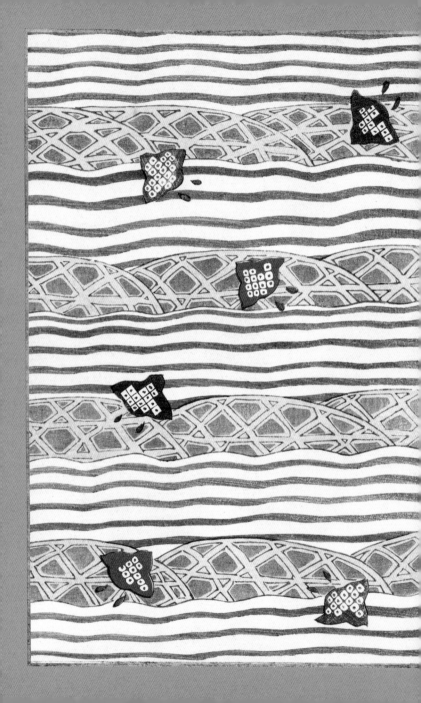

延期兑现

大学毕业三年，我仍面临"女大学生冰河期"就业的困难，只有托朋友介绍，一边在周刊兼差当采访编辑，一边等待着出版社的就业机会。

由于我不是周刊编制内的职员，没有办公桌，也不常有访客，就这样居无定所地工作了好多年。

朋友经常对我说："再这样打工下去，你的人生都浪费了。"

和就业的同学聚会时，她们老是为工作烦恼，抱怨工作"好难""好无聊""有讨厌的上司"。可是在我看来，这些只不过是都市职业女性无谓的烦恼。

之后，朋友们个个忙着结婚生子，有人因为老公调职海外而搬家，也有人坚持在生小孩后继续工作。大家都在浩瀚的人生大海中泅渡。

上茶道课的人也频繁来来去去。由美子小姐大学毕业后和同班同学结婚，女警官田所小姐因为生小孩而暂停上课，另加入两位随老公调职横滨迁居的年轻太太。不过，她们没学两年，又因为生产、老公调职离开。女性二十几岁时，真是变动起伏很大的时期。

一直和我一起上课的道子，大学刚毕业就进了贸易公司，但两年后辞职回老家开始相亲。

我周遭的亲友全因为"就业""结婚""生子"，人生的脚步不断向前迈进，唯有自己还在原地踏步，连工作都还没定下来，所以只要待在家里，家人就成天唠叨："如果还找不到工作，就去相亲结婚吧！"

大学时代也曾意气风发地立志"拥有一生能做的事业，独立自主"，但至今自己什么也不是。连周刊的兼职工作也不知能做到何时。

总觉得自己的人生还未真正开始，始终没站在起跑线上，仍在原地游移不定。像穿着溜冰鞋一直在原地打转，又像匆忙间搭错车，老想中途冲下车。尽管自己老是急着要开跑，却又不知该跑往哪个方向。

在这样的焦躁度日期间，唯有茶道的学习不着痕迹地向前精进。第三年学"唐物"，第五年学"台天目"，循序渐进向更高难度挑战。

所谓的"唐物"，即以中国、东南亚传来的器皿进行"浓茶点前"。我认为以往的王公贵族也很少如此慎重地沏茶。"台天目"则是名为天目茶碗的道具。茶道中这种道具一定要置于案台上，不可以直接放在榻榻米上。

平常根本没有机会用这么高格调的茶道具沏茶。

（用不到的沏茶方式还要练习，不是毫无意义吗？）

尽管心里嘀咕，老师还是很严格地教导。

"不行不行，在这里拇指要越过茶罐。"

"不对，要从那边过来。对了，再做一次。"

即使是很少用到的沏茶方式，老师连手指的动作也不轻视。

可是，我一直希望人生有所精进，到了周六要上课时就会想，该赶去沏茶了。

上课时，每个人都没有很长的时间练习，但我总是急于超前，所以常常坐困孤城，总觉得连坐几个小时是莫大的损失。这样一直坐着，大家就更无法前进了。

由于太过急躁，我经常犯下不该犯的错误，不是弄错道具的前后次序，就是将浓茶用的"帛纱"揣入怀里，忘了拿出来，或是不耐烦等待水勺中的水自然滴干净，就将水勺从水指拿到茶釜，或是从茶釜拿到茶碗，总是将榻榻米滴得湿湿的。

"你的魂跑哪儿去了？"

"？"

我没听懂老师话里的意思。

"别像年轻时那样毛毛躁躁的，一点儿也不沉着。"

老师自言自语地说："好好在这里定下神来。"

"……"

"坐在茶釜前，就专心在茶釜上。"

用
心

有一天，老师说了这样的话："出错了，没关系，但一定要好好做完，而且任何动作都要用心。"

"用心"实在太过抽象。我露出狐疑的目光，觉得一定不像将饭添进碗中那么简单。

于是，老师为我们具体示范如何"用心"做每个动作。例如："茶碗与薄器一起拿起来时，虽然是同时的动作，但瞬间的反应一定是将薄器先拿离榻榻米。"

"拿茶勺时，勺头不与榻榻米呈水平，而是稍微下垂，这样的姿势比较漂亮……不对，这样就太往下垂了……没错，就是这种姿势最漂亮！"

"沏薄茶讲究轻快，浓茶却需要炼制。炼制浓茶时，应保持着有如'调制胶彩颜料'的心情。至于要炼制到什么程度，好好听茶的声音吧！"

浓稠的搅动声……俗语说"神存于微尘中"，茶道可说是讲究细节的集大成者。

老师步步叮咛我们"瞧，这一瞬间很快的""茶勺头稍微往下垂放""不只是'沏茶'，而是'炼制'"

等各种应注意的细节。随时要我们投注十二分的精神，注意身体各个动作。

"好好倾听浓茶，慢慢炼制。"

浓茶里只加入少许开水，慢慢搅动茶筅，直到筅端搅起来像双脚深陷泥沼中，有点儿沉重、很难拔起来的感觉。

（这就是"调制胶彩颜料"的感觉啊……）

慢慢搅动四五个回合后，浓茶特有的芳香扑鼻而来。

（啊，现在才是真正的茶香！）

茶香有如在茶碗中起化学变化般爆发出来。

每年五月采摘、加工的茶叶，封装于名为"茶壶"的瓶中。如此约经过半年，十一月拆封，再用石臼捣磨成绿茶粉。

这股茶香象征着休眠半年的茶叶在接触阳光与水后的苏醒。

炼制浓茶的过程中，在搅动抹茶与开水的茶筅端感觉变轻盈的那一瞬间，原本分离的"茶粉"与开水分子才真正结合变为"茶"。透过茶筅端传达的微妙变化，使我领悟微观的世界。

（我知道了，现在才要再加些开水。）

我将茶筅靠放在茶碗左侧，加入开水。浓稠的抹茶经开水稀释，需再用茶筅搅动，继续炼制。

　　筅端的感觉又开始变化。原本顺畅的搅动再度出现浓稠感，筅端突然变沉重。浓茶的茶汤面泛出光泽，感觉稠稠的很好喝。

　　我发觉自己一直专注于炼制浓茶。什么也没想，就坐在茶壶前搅拌抹茶，所有心思都放在这碗茶汤里。

　　连刚才"为什么还没轮到我沏茶"的那种沉不住气、焦躁的感觉也不知不觉地消失了。

　　此刻，我的心百分之百放在当下。

达摩字画

由于隔天又要参加不知是第几次的出版社面试，周六我打电话给老师。

"老师，对不起。今天，我又不能去上课了。"

老师也知道我不能上课的理由。

"明天是很重要的考试。好好加油哟！"

正要挂电话时，老师突然加了一句："典子，如果准备考试累了、想喝茶时，就过来喝一杯吧！"

结果，下午怎么也静不下心。明知道该练习时事问答、默写汉字的测验题，却什么也做不了，心烦意乱。

以前老想"如果不去上茶道课，一定能更有效地利用周六下午"，结果，一旦没去上课，就什么也做不成。

（早知道这样，不如去上课……）

突然想起老师说："想喝茶时，就过来喝一杯吧！"

已经黄昏，茶道课的练习或许早已结束。但我下决心站起来，什么也没带就往老师家走去。

"午安！"

屏息打开大门，果真已上完课，屋内一片寂静，玄关处只剩下一双鞋。

"哎呀，欢迎。"

老师不是从屋里，而是从一旁的庭园露出白皙的脸庞。她刚才在浇花。

"想来喝杯茶，会不会太晚了？"

"不会，快上来。现在还在沏茶。"

学生们回去后变昏暗的榻榻米房间里，茶釜还冒着热气。突然觉得，老师该不会在等我吧？

像平常一样走进房里，先观赏壁龛上的字画。

"……"

一幅从未看过的字画。用水墨绘制的达摩，正睁大眼瞪着我。

为什么今天是达摩的字画呢？

我寻求答案似的看着老师。她微笑着回答："明天你有重要的考试，所以今天一度犹豫不知该挂什么，后来忽然想起达摩的画像。……嗯，先吃点儿果子吧！"

"……"

我一时间喉头哽咽，不知该回答什么，眼眶也泛起泪光，只好慌乱点头拿起装果子的盘子。

达摩象征"百折不挠"及"开运",或许还有"旗开得胜"的意义。

字画表现出当下的季节性,但季节不仅指春、夏、秋、冬,人生也有所谓的季节。

这一天,老师为我挂上一幅"激励人生"的季节字画。在黄昏的茶道练习场,茶釜仍不断冒着热气。

第九章

顺其自然过日子

失恋

　　表妹道子与东北地方某大型医院的医师结婚，武田老师和我出席她的豪华婚宴。之后，她顺理成章成为家庭主妇，子女也陆续出生。

　　然而，我却还没有正式就业，只能为周刊写些小稿或为女性杂志兼职采访，就这样过了五年。某天突然发觉，身边有很多从事同样工作的人，不知何时社会变成充斥着"自由撰稿者"的时代，一直以来（只有我的人生还未开始）的焦躁感，也因此逐渐消失。

　　打算和交往多年的男友结婚时，我已经二十七岁。

　　但在婚礼即将举行的两个月前的某天，却发现男友背叛了我。

　　由于事出突然，我有如受到恋人死亡的打击一般，在车站月台众目睽睽下放声大哭。

　　当时，我正处于世人所谓的"人生受祝福的另一阶段开始"。虽然曾经考虑忍气吞声结婚，这样既不会给周遭的人带来麻烦，也不会伤害好不容易盼到女儿结婚的父母。

可是，一旦产生不信任感，一切都变得不对劲儿。我根本无法容许自己和那个人结婚，共度一生。

婚约解除之后，父亲一夕间憔悴，母亲也只是抱头痛哭。

我则每天扪心自问："这样真的好吗？"

左思右想的结果是："真的也只能这样。"

时时刻刻烦恼同样的问题，不断在心中自问自答千百回。

由于过度失落，一天到晚失魂落魄。有时会觉得身体如坠深渊般，沉重得提不起任何劲儿；有时又突然感到呼吸困难，喘息急促，可说身心俱疲到了极点。

就这样，我度过了一个最长、最辛苦的冬天，直到昭和五十八年[1]年底。

虽然内心明知道自己该振作，却不知怎样才能振作起来，只好一味等待，期待时间能治愈一切痛苦。

（希望到了春天，气候变温暖，阳光也和煦动人时，自然就会变得快乐些。）

---

1 译注：一九八三年

最长又最辛苦的冬天

　　婚约取消后的一段日子里，我暂时没去上茶道课，老师也很清楚事情的原委。大约两个月后我再去上课时，谁也没问什么。

　　学茶道的伙伴，和一般朋友的关系不太一样。我们从来不谈私人的事，所以关系不是很密切。每周，大家只是轮流在练习场内学习如何沏茶、品茶。

　　"喂，这种果子不是第一次品尝吧？"

　　"嗯，去年老师已经让我们尝过。"

　　彼此谈的多半是这样的话题。上完课，大家一起收拾水屋，一起走出老师家，然后说再见，分道扬镳。

"那么，下周见。"

大家应该都知道我的事，可是相处时和平常一样，没有改变。这样的关系反而对我有益。

一月，老师家的庭园里"万作"花盛开。

"由于是这一年'最早开'（mazusaku）的，所以称为'万作'（mansaku）。"

老师向我们解释花名的由来。

"今天是大寒，一年之中最严寒的时期。"

或是告知新闻报道的讯息。

"对了，从今天开始天气就逐渐变暖了。"

我在心里告诉自己。

到了二月，上课时看到壁龛内挂了一幅字画："不苦者有智"。

"喂，你知道这怎么念吗？"

"？"

"'不思苦者，有智'，或是'hukuwauchi'，呵呵呵……"

拿出装盛节分豆[1]的朱红升器[2]，一喝完薄茶，茶碗底立即浮现多幅女像的容颜；名为"春之野"的"枣"，

1　译注：日本人有在节分当天黄昏撒炒过的大豆之习俗
2　译注：计量容器

黑漆底上饰有一圈堇菜、蒲公英、莲花、笔头菜等金莳绘。

"节分指明确区分季节之日。明天是立春。之后，春天就来临了。"

依太阳的位置，一年可分为二十四节气，其中"大寒""春分""雨水""夏至""立冬"是最重要的几个节气。特别是二月"立春"前一天的"节分"，象征冬天与春天的分界点。

以前一听到"立春"或"立秋"，总觉得："咦，'立秋'？还在八月上旬，天气正热呢？"

与实际的季节情况不符，心想农历也不过是传统的遗泽。

可是，现在却觉得这就是"季节之道"。看到日历上的"节分""立春"，即知"不久就是春天"。突然发现，日历中隐含着生物等待春天之思。

听闻热海的梅花绽放，便觉得"春天"的号角已吹响，预示着春神即将降临的讯息，但春神经常不直接露脸。

当人们刚窃窃喜在和煦阳光下不必穿毛衣时，却又袭来一波寒流，回到寒冬状态，让人误以为春天还遥不可及而失望惆怅。季节就是这样，在冷暖交替间循环蜕变。

我的心情虽然渐趋开朗，却也因为季节交替的起伏太大而摇摆不定。

三月三日女儿节过后，开始下起温暖的春雨，从冬眠中苏醒的青蛙纷纷跃出，油菜花也开了。某天晚上，走在寂静的夜路上，忽然闻到瑞香飘来酣甜而酸的香气。

接着，终于到了"春分"。

（春天来了，就没问题了……）

我将室内的盆栽移至日照充足的阳台上。数日后，关东地区却下起大雪。

好不容易以为严冬已过，阳台上的盆栽却因雪的摧残枯死。我这才体会到生物"过冬"的残酷现实。

（以往的人们也是如此历经季节交替的考验而生存下来的吧！）

屈指细数"节分""立春""雨水"的来临，不断激励自己：经过无数寒冬的试炼而变得坚强茁壮，度过人生季节的起伏。

也许正因为如此，茶人们才谨慎看待每个季节的行事。

所谓的季节就是这样耐人寻味……

从未见过像那一年，如此繁花盛开的春天。我总算恢复自我。虽然距离真正的开怀大笑，还需要再过一个冬季。

二十九岁的夏天，我又悄悄谈起恋爱。

三十岁时，写出第一本书。当样书完成之日，拿给男友看时，他邀约我："为庆祝你出书，我们去赏夜樱吧！"

两人携手在千鸟之渊的樱花树下散步。当微风吹拂，樱花花瓣缤纷飘落，我满心的幸福。在落花如雪般的美景下，我终于开怀大笑，却也在一边落泪，因为从未想过自己能再拥有这样的日子。

第十章

这样就好

小瞳

三十岁之后，我的工作变得非常繁忙，经常被采访、写稿压得喘不过气来。

没去上茶道课的次数相对增加。不过，如果有去上课，在炭火熏香与涓涓水声流转的空间里，等待我的总是美味可口的和果子与香浓的茶汤。

那时候，周六的茶道课只剩下上班族早苗小姐、大学生福泽小姐、老师的亲戚雪野小姐和我四个人。我们四个年龄都超过三十岁，我的资历最深，资历最浅的福泽小姐也已经学了三年。

在这里学茶道的第十年，来了一个十五岁的新人。她穿着学校制服来上课，看起来像个黄毛丫头，粉嫩的脸颊因紧张而涨红。

"请多多指教。"

鞠躬时，她头上的马尾辫跟着直甩，礼貌地说出自己的名字叫"小瞳"。真是人如其名，犹如少女漫画中的脸庞，配上明亮动人的棕色眼眸。由于个头娇小，她看起来比实际年龄还小。

"自从在电视连续剧中看人沏茶，就非常憧憬茶道。所以下定决心，上了高中以后一定要来学茶道。"

看着她因兴奋而闪闪发亮的眼眸，我相当吃惊现在竟然还有这么憧憬茶道的十五岁小女生。

"麻烦你，教小瞳折帛纱。"

老师指定早苗带新人，也叮咛我们细心教导："千万别教错，让小瞳染上不好的癖习，那就糟了。"

有如白纸般的十五岁新人，使我们不得不奉之为福神。

我也一样，无论教她开关拉门，还是在榻榻米上走台步，都是从零教起。刚开始用六步走榻榻米时，她经常紧张得同手同脚，还不禁咯咯笑，脸也变得像番茄般红润。在学一些讲究仪态的姿势时，更是僵硬得像个机器人。她第一次御点前的表现，让人觉得仍有漫漫长路待走。

"我真的学得会吗？"

小瞳边流泪边勉强微笑着问。

"脚好麻，动也动不了了。"

听得出她心里的挣扎，但不久她又恢复正常。

因为她对茶室的一切都感到特别新鲜、感动。

"哇，我从来没看过这么漂亮的茶碗！"

"这种果子，我第一次吃耶！"

"好棒的水指！"

圆圆的大眼，绽放兴奋的光芒。

她的吸收力就像"旱地吸水"般惊人，犹如一块待琢的璞玉，非常认真地记下老师提醒的所有要点。自己练习完毕后，还很专注地观看别人的御点前。如果看见漂亮的姿势，马上发问："刚刚这个地方，要怎样做才好？"

然后就眼神发亮，兴致勃勃地照着做。

小瞳积极的学习态度，令老师有感而发："这孩子的模样，让我想起俗语说的'兴趣造就天才'。"

天资聪颖

小瞳一直认真练习还颇生硬的御点前。

某天，老师说："小瞳，麻烦你沏薄茶给大家喝。"

她回答一声"是"，就消失在水屋中。不久，小瞳悄悄拉开拉门，手里捧着茶碗和"枣"，像平常一样开始沏茶。她将水勺轻声置于盖置上，双手撑在膝前的榻榻米上鞠个躬。

（咦？）优雅的姿态，给人轻松愉快的感觉。肩膀、手腕丝毫不紧绷，形成自然的线条，微低着头、娴静的模样，给人留下深刻印象。

她的动作都在吸引人们的目光，连纤纤玉指搅动的茶筅，都像传导着神经般流露出极细腻的表情。不仅是姿态十分标准，一举一动间皆可感受到她的用心。优美地直挺着背部，将茶碗用双手温暖轻握着端出，碗中的茶汤还在旋转着。只不过是高中生的她，却有着二十四五岁成年人严谨的表情。

谁都没有开口说话。茶釜中的开水还在一旁咻咻鸣响，凝聚着一股紧绷氛围，大家专注地看着她的御点前。

（真想一直这样盯着。）

我觉得大家的想法和我一样。

（这就是"天资"。）

突然想起她第一次来上课时所说的话："自从在电视连续剧中看人沏茶，就非常憧憬茶道。"

任何人进了卡拉OK都可以唱歌，却不是每个人都能将同一首歌唱得感动人心，令人热泪盈眶。做菜也是如此，谁都可以做出填饱肚子的菜，但做得出令人元气大增、吃得感动的料理的人却不多。

小瞳搅动茶筅的声响有如涓涓溪流，然后她轻柔地描绘"の"字，顺势将茶筅提上前来。当我要将温热茶碗拿至膝前时，她说了声："请用茶。"

而且还行礼将茶碗往前推。茶碗里满是淡绿色的泡沫间，露出深绿的月牙形。我转动着茶碗，茶香与茶汤热气一并扑鼻，一股清香味如烟火般在脑中迸裂开来。将热热的薄茶三口喝下，最后一口要出声饮尽。茶味从最初的甘甜，转略带苦味，最终在舌间留下清爽香气。

我想小瞳尚未察觉自己所拥有的"茶道天分"。不过，无论是否发现，她都淋漓尽致地展现了潜在实力，确实影响了周遭这群人。

这段时间，她就像一个从胶着拉锯的马拉松赛中脱颖而出的优异跑者。影响所及，某天早苗在练习御点前时，显得特别优雅，连手部动作都相当简洁、有节奏。她垂肩毫不紧绷、自然的姿态，流露出无比的女人味，连贯的动作也丝毫未见踌躇，随手拈来，游刃有余。

不久，又出现一位优异跑者，那就是女大学生福泽。之前，她在榻榻米上走台步一直显得懒洋洋的，如今连手指的动作都看得出凛然的气势，一拿起水勺，就给人留下难以磨灭的优美影像。

大家在一夕间变成大人。

没有自信

受到她们学习态度改变的刺激，我也开始用心于每个动作。

可是，还是不知道自己在做些什么。

"森下小姐，请进行炭点前。"

只能回答一声"是"，就开始进行。

"麻烦开始浓茶点前。"

也是说完一声"是"，就开始进行。

"哎呀，你这里不该用右手，是用左手。"

经老师提醒，也只能说"啊，对不起"，立即更正后就蒙混过去。

可是究竟什么是"炭点前"？什么又是"浓茶点前""薄茶点前"？

一再练习这些沏茶方式，却完全不了解为何要如此沏茶，可能连自己哪里不懂也不知道吧！就像盖一栋楼房，空有内部的装潢却没有架构一样，在房屋的地基、墙壁、连接的走道还没完成时，就先决定好"客厅""厨房"和"寝室"的壁纸、照明器具、窗帘的颜色等，一切都是空谈。

"喂，'客厅'在这里开门，这样'厨房'的进出就会不方便。"

"哎呀，从哪里进出'寝室'比较好呢？"

只讨论不切实际的事，根本结构就容易出问题。我对沏茶还像个盖房子的门外汉一样。

所以尽管已经学茶道十年以上，也开始练习难度高的"唐物""台天目"等，却连一些入门的基础都不扎实。只是来来回回地上课，不断重复相同的错误。连老师也忍不住叹气说："我年轻时在老师家学茶道，只要被提醒过一次，就绝不会再犯。不保持这么认真的态度是不行的哟！"

可是，我却一再被老师提醒，甚至还会呆住。

"真是气死我了，之前学的又全还给我啦！"

害得老师也开始碎碎念。

当然不只我一个人如此，其他人也会犯错挨老师骂。不过，大家都只缩缩脖子说声"对不起"，不久又顽皮地故态复萌。

自卑感

可是，我渐渐笑不出来了。

学茶道十三年，已经进展到所谓的"盆点"[1]。到了这个阶段，男性学习所谓的"真台子"[2]，女性则是进阶最高的艺术"盆点"。从小瞳、福泽的观点来看，我已经是茶道的老手。

"森下小姐，今天的盖置用竹制的好吗？"

"是不错……"

由于没什么自信，尾音变得很小声。一旁的早苗小姐好意提醒："今天要展示在案台上，盖置不用竹制的，要用濑户的吧？"

我低头看着水屋的地板。每次被问到什么，总是很没自信地搪塞过去。

虽然已经去过多次茶会，但我还是很害怕当茶会的助手。不仅和上课时不一样，无法一一请示老师，轮到

1　译注：茶碗与茶罐一起放置于圆形大托盘上的沏茶礼法
2　译注：四方形案台，亦指在此案台前的沏茶礼法

上台沏茶时，更紧张得心都快跳出来了。何况是大寄茶会，不容许出错。越想越紧张，反而容易犯许多低级的错误。

"若有突发动作，要懂得应变。"

我知道自己在突发状况时最不管用，每次听到别人这么说，更是提心吊胆。

（或许自己从未认真正视过茶道……）

所以心里很急。

茶道虽然是有既定规则的游艺，但进行时也需要临场应变的机智。例如，在对方出现突发动作的一瞬间，应该知道如何应对，或是遇到同步进行的程序时，能立即判断何者优先，而且事先应排除不必要的干扰。从一个人如何应对脱序的麻烦，可看出那个人的特质与品性。

可是，我最不擅长处理这类事情，从小脑筋就很死板，任何事只会按部就班尽心做，往往见树不见林，缺乏随机应变的能力。只顾眼前，聚精会神投入，变得只能走一条直线。活了三十几年，这是我性格上最大的缺憾。

"哎呀，只要能一心多用，像在学校上课一样，自然就学会了！"

虽然别人经常这么说，但总觉得他们不是我，根本无法了解。我清楚地知道自己的缺点，也因此感到很自卑。不过，由于自己埋头苦干的死板性格，落后时也就急起直追。

真羡慕反应灵敏的人。

每次茶会最能发挥领袖才能的是雪野小姐。班上同学都很仰赖她，尊称她为"雪野姐"，这不仅因为她是班上最年长者，更因为她的应变能力，她经常妥善处理各种突发状况。

在雪野姐的指挥下，从六十岁的欧巴桑到十几岁的小瞳等，都迅速分工、各司其职地完成整理"换鞋处""洗涤场所""沏茶""运送"等工作。

我觉得除了自己之外，大家都是"敏捷的人"。或许学习茶道原本就有许多这种类型的人，我逐渐感到自己摆错了地方。

由于只一味埋头苦干，一旦心情低落时被数落，更容易受到打击。某天，老师又提醒我："你握水勺时的手，看起来很僵硬哟！不能再优雅一点儿吗？已经学了十几年，应该多用点儿心。"

以前也常被老师说"握水勺的方式要多下点儿功夫"，但那一天被数落得正中要害，心情相当恶劣，眼睛直视自己笨拙的双手，不由得流下泪来。当时只有一种想放弃一切、夺门而出的冲动。

第十三年的决心

接下来，连续几天都闷闷不乐。

（无论什么时候，老是出差错。不仅毫无自信，人还不够机灵，手又笨拙。怀疑自己真的不适合学茶道。）

何况原本就不是自己情愿来学茶道，只是为了在回家路上能与道子多点儿时间一起聊天闲逛。现在道子已结婚，没来上课。还有很多年轻女性、太太，也因为结婚、生子、老公调职等来来去去。只有我不知不觉变成最资深的学生。

从一开始学茶道，老师就常对我们说："以往有句话，'三日、三月、三年定终生'。任何事情持续三年就可看出分际。"

别说是三年，仔细算来我学茶道已经十三年……

为何还是不行呢？我是家中的长女，一直被教育"努力就会有收获"。

"一旦开始了，中途放弃是很要不得的行为。"

由于受到父母这样的教养观念影响，也很用心努力。

心中也一直觉得对不起这么认真又耐心教导我的武田老师。

此外，上茶道课时还经常会有（啊，来了真好）一瞬间的感动。因为只要去上课，一定会有季节性的和果子、温暖的茶汤与美丽的道具等着我。所以，不知不觉持续了这么多年。

可是，越深入学习就越清楚自己没有茶道的天分，再看到一些"如鱼得水"的天才，更加笃定自己非同道中人。

这个领域可以说毫无我的容身之处。

（完全不适合自己，却学了十三年，真是蠢啊！）

自己也不由得苦笑。

（茶道，就别学了吧！）

平成元年[1]秋天快结束时，我很自然地下了这样的决心。

---

1 译注：一九八九年

顿失长年往来的场所，刚开始一定觉得怅然若失。不过，马上就可以适应，以后也能更愉快地度过周末的下午吧？然后经过若干年，茶道就会被形容成："啊，那已经是过去的事。"

　　我在下定决心时，虽然心中一阵凄凉，但那种凄凉又让人觉得快意舒畅。

茶事

下定决心之后，我一直没有向老师说明，仍继续去上这一年所剩无几的课。

某天老师说："下次来练习'茶事'。"

很多人会以为"茶事"就是"茶会"，其实两者是截然不同的。

……应该是和道子一起去上课时发生的吧！

"带你们去见识茶事。"

曾经跟着老师参加过茶事。当时我还以为就是平常去的"茶会"。可是，我们却来到一户位于宁静住宅区的普通住家。

"对不起。"

一走进去，就可以看到寂静的庭园里有间小巧整洁的茶室，很像一般民居经营的"出租茶席"。由于客人只有我们，感觉很安静，应该和平常不一样。

不过，令人吃惊的是茶室入口特别矮小，十足小人国的大门的模样，每个人都必须低头弯腰才能进去。我们跟在老师身后，躬身缩得像鼹鼠一样，一边行礼一边钻入茶室。

小小的茶室里铺有四叠半榻榻米，光线昏暗。室内出奇地幽静，令人心怦怦跳。走出来的主人，应该是这家的太太，已经准备好炭点前，但不知为何在每个人面前端上一份膳食。

（咦？这里是料理店？）

膳食上摆了两个黑漆器的碗。

我们仿照老师的动作，用左右手同时掀开两个碗的盖子，随即冒出热腾腾的蒸汽，汤汁香味扑鼻。右边碗里的汤汁只加了一种配料，左边碗里盛放着两口饭。

（咦，饭这么少？）

可是，喝了一口用白味噌做成的汤汁，我和道子不禁相视微笑，眼中流露喜悦的光芒。汤汁与白味噌的深奥味道，加上柚子香，一口咬下麦麸时，柔软地渗出汤汁。只能吃两口的饭，粒粒光亮、甘甜。

"饭不要全部吃完，要留一小口。"

老师说这句话时，已经来不及了。

"因为，饭那么好吃……"

伸筷子想夹对面盘里的生鱼片时——

"不行。酒还没上，不可以夹对面盘子里的菜。"

"咦，还有酒啊？"

冷酒被端出来了。酒器是美丽的玻璃瓶，从鸟嘴般的长瓶口倒出的美酒，沉浸于鲜红漆器的杯中，看起来相当香浓迷人，我不知不觉喝了好几杯。

接下来的餐点更为精彩，端上来许多美食佳肴，包括煮物、烤鱼、卤青菜、醋渍小菜、下酒菜……更换的汤品也越来越丰富，而且端上来一大桶饭。任何一道都是在高级料理亭才能吃得到的上等口味，连盛装的器皿也十分精美。例如，装煮物的黑漆碗上描绘的金色莳绘，在昏暗的光线下分外耀眼亮丽。

舒适悠闲的用餐和饮酒时光，就这样持续不断。

（啊，好像意大利人的午餐。）

意大利人一餐可以慢慢享用三个小时。前菜可以吃掉山堆般高的通心面、沙拉、肉类，大白天也能喝光一大瓶基安帝（Chianti），还有饭后甜点和酒。

我很满足地享用餐点。

大约两个半小时后，终于用餐完毕离席。一时间，我真的忘了来这里做什么，以为用完餐就可以回去了。

可是——

"现在先到庭园，等主人做准备。"

"准备？"

"接下来，就是品茶啦！"

（对哦，今天是为了品茶才来的。）

"刚刚享用的叫作'茶怀石'，是抹茶沏好前，暂时填饱肚子的餐点。"

"咦？"

那么耗时的豪华餐饮，只是"助兴"而已！

"茶事"，真令人肃然起敬。

我们走到庭园伸展筋骨，顺便坐下来眺望修剪整齐的庭园景致，就像剧院中场休息时间，静静等待下半场的开始。

不久，我们再次钻进矮小的入口。不过这一次，昏暗的茶室内却透进了光线，原来刚才还紧密遮蔽着的窗帘，现在全往上卷起。

然后，严肃的浓茶点前开始。

早上开始的茶事，多半黄昏才完全结束。

只为了品尝一杯茶，往往得花上半天的时间。

完全不拘泥于形式的料理、器皿、盛装方式，在座位上悠闲对酌饮酒，暂时转移场地到庭园中，一直到卷起窗帘使室内光线产生变化。这一切都只为品尝当日的一杯茶……

（竟然是这么奢华的享受……）

可是，我从来没将每周上课练习的沏茶与"茶事"

联想在一起。只觉得那样钻进矮小入口，耗费那么多时间用餐，就像"祭典"一样，只是特别的助兴环节。

因此，当老师说"练习'茶事'"时，一点儿也引不起我的兴趣。

"怀石料理的准备，我已经找朋友帮忙。由于这次茶事很正式，大家回去要好好阅读相关书籍。"

老师正经地要求我们，连席次都事先决定好。

"'正客'是非常重要的位子，就由雪野负责！"

"是，了解。"

"'次客'是福泽。'三客'是小瞳。"

"是。"

"是。"

"'末席的客人'（Otsume）也各有职责，早苗，就交给你了。"

"知道了。"

然后——

"这次的'主人'，就由森下担任！"

我想停止学茶道的事，老师还不知道。怎么办呢？一时之间，我相当困惑，但不久就打算将当茶事主人的经验作为最后的纪念。

"……是，我试试看。"

"虽然已经教过很多次，但大家一定要有责任心，先预习自己的角色。要好好用功哟！"

也许是老师一再叮咛，回家后我认真阅读茶道书籍中有关"茶事"的内容，真的颇有收获。

（真了不起……）

刚开始只匆匆读过一遍，还不甚了解。后来又多读了几次，也没有多大效果。可是，觉得自己这次不认真下功夫不行，开始在书上画红线，仍然无法窥知全貌。试着自制流程脚本，密密麻麻写满六页，才真正了解"茶事"有多么浩瀚精深。

其中，甚至有许多如时代剧般的对话，如"没什么好招待的，只是粗茶淡饭""总之，先斟长辈的酒"等。只是阅读文章没什么真实感，我还从厨房搬出锅碗瓢盆，实际演练。

讽刺的是，这是我下定决心想放弃茶道之后，第一次这么认真地学习茶道，还演练了很多遍。不久，终于在一片迷雾中隐约窥见茶事的端倪。

进行茶事当天，老师家的狭小厨房有如旅馆的厨房般堆满碗盘锅钵，前来帮忙的人早已忙成一团，料理的烹调从前天就开始了。这一天，老师在壁龛上挂的是"松无古今色"。

由于这是我们学生的"第一次茶事",所以选用这幅预祝成功的"松"字画。

我穿着向母亲借来的粉红色、素面、印有家徽的和服。在客人来到之前,于玄关水泥地、走道上洒水。还没到正午,客人全部到齐就座。

"好,先进行初座的寒暄。"

"是。"

我拉开拉门,所有人一起行礼。

就这样开始茶事。

一切皆有缘由

　　小学时，经常会在垫板下撒铁沙，然后将磁铁放在垫板另一侧玩磁吸游戏。由于磁铁的磁力作用，不一会儿散于四处的铁沙便犹如遵从号令的士兵般，沿着磁力线排列成行。

　　之前，茶道各种御点前，在我的脑海中就像四散的铁沙，但经过茶事"主人"的体验后，像被磁铁吸附般，"炭点前"→"怀石"→"浓茶点前"→"薄茶点前"排列成行。

　　这也像是将原本一片混乱的益智拼图碎片，循序渐进地拼贴成形。浓茶含有大量咖啡因，空腹喝下容易刺激胃肠，所以在饮浓茶前，先吃怀石料理，填饱肚子。

　　吃完怀石料理后的点心是和果子。

　　（原来如此！平常省略了茶事流程中的"怀石"，

而只练习品尝甜点"和果子"和"浓茶"。）

为沏出好喝的浓茶，一定要将开水煮沸。十一月以后天气寒冷，水也冰冷，煮沸要耗费更多时间。

（难怪怀石之前，要先进行"炭点前"！）

进行"炭点前"时，也等于是客人们在炉前的集合时间。

（可边看炭火边取暖。然后，在大家享用怀石料理期间水也煮开，同时寒冷的室内变暖和。原来如此，真是设想周到！）

一旦有所领悟，所有流程也彻底融会贯通，心里感到很踏实，笃信每件事均有其理，没有任何一个程序是不需要的。

"茶事"可说是我们每周练习内容的集大成者。

从"薄茶"的练习开始，到每周不断重复的"浓茶""炭点前"，都是"茶事"的分部练习。

就像交响乐团，每个乐章分别交由演奏小提琴、大提琴、长笛、喇叭的音乐家不断苦练，如今才齐聚一堂合奏出全曲乐章。虽然其中仍有些不顺畅、没把握的演奏。

天黑之后，我们才离开老师家。大家像平常一样说"再见"后分道扬镳，但我相信那一天所有人的心里一定有所领悟。我们共同站在一个舞台上，合作演奏出一首宏伟的交响乐曲。

转
机

隔周，十一月即将结束的周六午后，我们又恢复平常的练习。

这一天，天空云层高挂，空气冷冽。一出家门，只见路上满是落叶，我踩着落叶走向老师家，脚下的落叶发出清脆碎裂的沙沙声。两旁的行道树光秃秃地衬托出迥然不同的城市景观。

（咦？这是哪里！）

那一瞬间，我产生了迷失于不知名城市的错觉。积雪的日子里，也常会有这样的感受。此时，城市好像完全被埋于落叶下。

抵达老师家后，练习场所的拉门一打开，立即感受到屋中一片温暖。

"来得正好，雪野刚开始沏浓茶，快进来吧！"

我一边走向座位，一边像平常一样观看壁龛。

"开门落叶多。"

（咦？今天不就是在这样的景致中一路走来的吗？）

就是这样的感觉。

"好，快品尝果子。这是今天早上我特地到神田的'Saama'买回来的。"

打开放在眼前的果子黑漆器的盖子时，我不禁大叫一声"啊"。漆器里盛装着一个精雕细琢、色泽由黄色渐渐晕染为橙色的落叶果子。

我边观赏这浓淡合宜的美丽果子，边用竹签切小后食用。卷曲的叶子里包裹着圆球内馅，是尝起来相当顺口的上等甘甜味。

在不断冒出热气的茶釜前，雪野小姐慢慢炼制浓茶，并将写完"の"的茶筅轻轻上提，这时沾满绿色茶汤的筅端顺势滴落了几滴浓茶。然后她的双手手指并拢，将茶碗转动两圈，正面转向这边，并在一定的地方以帛纱衬着将茶碗推出。

"我先用了。"

向邻座的人点头示意后，我用手捧起沉甸甸的织部茶碗开始饮茶。

感觉暖和、黏稠的绿色茶汤与和果子的甘甜香混合，真是炼制得相当美味的浓茶。突然发觉自己像在品尝蟹味噌或鹅肝一样，迷上了这种复杂浓郁的滋味。刚喝一口时，抹茶的苦味让人不自觉皱眉，但不知不觉中浓稠的茶香便能让人惊觉美味的存在。那一天，我觉得自己的味觉器官特别灵敏，好似舌上的味蕾全部绽开渗进浓稠茶香。

从茶碗中抬起头来时，我感觉通体舒畅，口中留下的余韵，让唾液都变得香甜。

（好幸福啊！）

帮忙清理收拾时，雪野小姐站起来拉开拉门。我从走廊的玻璃窗望出去，只见一片无止境的晴空，感觉整个人轻盈得飞起来了。

（哇——心情真舒畅。）

面向晴空深呼吸，解放自己。

"只要能这样就好！"

（咦？）

"何时停下来，并不重要。来这里可以喝到美味的茶就够了。一直以来，不都是这样吗？这样就够了。"

自己内心似乎听到来自上天的启示。

"停下来""不停下来"都无所谓，这并非"Yes"或"No"的问答。只要"停下来之前，都不放弃"就够了。

（是啊，人不够灵巧也好，变成不可倚靠的前辈也好。何必和别人比较呢！沏自己想喝的茶就可以了。）

我终于将沉重的包袱放下，肩头重担一减轻，人也变得轻松。我的人现在就在这里。

（对嘛，这样不就够了！）

第十一章

人生必有别离

延迟自立

三十三岁时，我开始一个人住，独居在离家搭电车约三十分钟的地方。

以往去上茶道课走路不到十分钟，如今必须搭电车前往。我通常在周六下课后，顺道回父母家看看。

每次回到家中，父亲必定会说："哦，回来啦。吃完晚饭再回去，偶尔一起吃个饭吧！"

用餐时，父亲经常开心地喝酒，还邀我"一起喝一杯吧"，一直笑容满面。六十六岁的父亲已满头白发，一副和蔼可亲的"老爷爷"模样。

只不过才八点，他就说："今天很晚了，就住家里吧！"

有时天还很亮，也会说："今天很晚了……"这句话好像已变成他的口头禅。

可是，我却连一句"嗯"也没回应过。老是违背满心期盼"家人团聚"的父亲，无论多晚也坚持回自己住的公寓。从中学时代开始，我一直对父亲态度叛逆。所以，这也可以说是很晚自立的女儿的一种固执的自我主张吧！

一
期
一
会

　　那时候，除了平常的御点前，武田老师也会特别选日子让大家交替扮演"主人"和"正客"，练习茶事。

　　在无数次模拟茶事的流程中，常可看到如外国电影中"晚餐会"的画面：接到"邀请函"的人穿着正式服装，先聚集在"待客室"[1]，待所有客人到齐后，再进入"餐厅"[2]。西方的晚餐会，通常在冗长的用餐时间之后，女士们一定会补妆，绅士们则抽卷烟；茶会也是在用完怀石料理后，大家纷纷到庭园休憩，男士腰间必定挂着"烟草盒"与"烟管"。

　　如今在西餐厅里，相信大家都很熟悉这样的餐桌礼仪：酒侍在玻璃酒杯中倒入少许红酒后，客人确认品质与酒香，再点头示意"可以了"。同样，喝第一口浓茶时，主人与正客之间也会相互应答，例如，"觉得茶如

1　译注：庭园中简单的休息场所
2　译注：茶室

189

何""很好"。就像葡萄酒师对人说明"这瓶玛歌酒庄（Château Margaux）是一九八三年的"，正客与主人间也有来有往地谈些"什么茶""什么品牌""'一保堂'的茶"等有关浓茶的品牌、茶屋的名号等。

茶和葡萄酒的确很相似。

这一年五月采摘的茶叶，封装于茶壶中储存至秋天，十一月上旬开炉的时候，才开封取出茶叶捣磨成粉，然后进行"新茶品饮茶事"，这是最正式的茶事。从这时候开始喝这一年的"新茶"，所以"开炉"才被称为"茶人的正月"。法国人开封"新酒"[1]庆祝博若莱新酒（Beaujolais Nouveau）解禁[2]，也在十一月。

进行茶事时，老师经常说："大家要认真练习。无论主人或客人，都要视之为'一期一会'的茶事，用心去做哟！"

所谓"一期一会"，就是"一生一次机会"的意思。

"即使聚集相同的人进行多次茶事，任何一次都不会一样。所以，一定要保持一生只有一次机会的心情。"

我从未透彻理解这句话的深意。虽然能理解"即使参加的是相同的面孔，也绝不会是相同的茶会"，但是

---

1 译注：红酒
2 译注：博若莱当年产的红酒于每年十一月的第三个星期四解禁

聚餐与茶会，为何要钻牛角尖想成"一生只有一次机会"呢？

"未免想太多了吧！"

茶事结束后，我与雪野一起走回家时——

"利休先生的时代，一定就有这样的说法了吧。"

雪野回答。

千利休是安土桃山时代织田信长、丰臣秀吉雄霸天下时，将茶道系统化的先贤。

"在那个时代，昨日还健在的朋友，今日便惨遭杀害的不计其数。所以利休先生表示，他经常抱持着与友人是最后一次见面的感慨心情相会。"

"原来是那样的时代啊！"

千利休曾担任天下霸主丰臣秀吉的"茶头"[1]，但由于经常忤逆丰臣秀吉，不少弟子受牵连惨遭杀害，最后他自己也难逃切腹极刑。在那样的时代，当下能与谁相会、共食、交杯畅饮，可能都是"一生一次"的最后机会。

"何况当时没有飞机、电车，也没有电话，大家都是步行往来，与人相会不像现在这么方便，所以谁也不知道这次相见分离后，能否有再见的机会！"

---

1 译注：安土桃山时代之后掌管茶道的人

这样的情况是生活在现代的我们很难想象的。我们总像平常一样，在相同的地方说"下周见"，然后分手。

平成二年的春分日，阳光和煦，天气晴朗。父亲突然打电话给我："我到附近办事，想顺道去你住的公寓看看。"

父亲会主动打电话来，真稀奇。

可是，这天刚好以前的同学也要来访。这样告知父亲之后——

"这样啊！没关系，没关系。改天再说吧！"

父亲说完就挂断了电话。

当天晚上，我和同学聊到很晚。同学回去之后，不知为何突然很想见父亲，而且一直挂心他白天特地打电话来却未能见面的事。

十一点，已经没有回去的电车了。如果是平时，我一定不会考虑回去。可是，我实在太在意白天那通电话，很想见父亲，即使没什么特别的事，只要能看看他就可以了。

我正急忙准备出门，突然接到家里的电话。本来想说"我这就回去"……

"老爸呢？"

"嗯？已经睡了！"

母亲很悠哉地回答。我总算放下心，和母亲随便聊聊。

"这周，上完茶道课会回来吧？"

"嗯，周六顺便回去。"

我脱下穿好的外套。

周五的黄昏，桌上的电话响起。一拿起话筒，就听到母亲慌乱的声音。

"你爸昏倒了！快回来。"

三天后的早上，父亲完全没有恢复意识，就这样在医院去世。

"这样啊！没关系，没关系。改天再说吧！"

和父亲最后的谈话，竟是这样的内容。

在医院里，弟弟转述，父亲在昏倒的那天早上还很高兴地说："明天典子会回来，做些竹笋饭，大家一起吃吧！"

我不禁拿头撞墙，回想：什么时候？全家人最后一次一起吃饭是什么时候的事啦？

多希望时间能倒流，回到过去，可是，我知道这是不可能的。我们平凡的四人家庭团聚，再也不可能重现。突然间，对"再次"所隐含的冷酷意味，感到不寒而栗。

人活在世上，总有一天会遇上无法"再次"相见的事。

父亲经常在喝酒时对家人说："希望我死时，能像樱花般绚烂飘零。"

这么戏剧性的对话。母亲、弟弟和我总是笑他："又来了。"

父亲下葬那天，真像戏剧终场落幕，樱花飘零飞舞。直接赶到火葬场的老师，在我耳边轻声说："典子，樱花都化为悲伤的回忆呢！"

而我看着灰色的烟灰："是啊，就这样飞舞而去。"

人生的意外，总是突然发生。无论今昔……

即使事前已明白道理，真正遇上时，心里还是毫无准备。结果，不是难以掩饰的惊慌失措，就是悲伤不已。唯有亲身遇上，才能了解真正失去的是什么。

可是，难道没有其他方式？人非得等到这样的地步，在毫无准备的情况下，只能靠时间的流逝慢慢治愈悲伤吗？

也正因为如此，我深深以为：想见面时，就见面；有喜欢的人时，就明白地对他说喜欢；花开了，就庆祝；谈恋爱时，就好好爱个够；有高兴的事与人分享，就好好与人分享。

幸福的时候，好好拥抱幸福，百分之百真心体验，因为这是人生唯一可以掌握的。

　　所以若有重要的人，就好好和他共食、共生，团聚在一起。

　　所谓的一期一会应该就是这样吧。

第十二章

倾听内心深处

寒冷的季节

平成二年，周六的茶道课加入了一位名叫鱼住惠子的四十岁单身女性。她是在政府机关任职的职业妇女。

"之前在哪里学过茶道吗？"

"没有。从来没学过。"

一般人多半二十岁左右开始学茶道，四十岁的新生很少见。

"为什么想学呢？"

"希望能找回自我，拥有悠闲的时光。"

她和大家一样，从折帛纱、学走榻榻米台步开始。可是，她的姿势总是很僵硬，连握茶勺的手都因紧绷而变得毫无血色，颇令人同情。老师也经常提醒她："鱼住，放轻松点儿——"

看着她不灵光的动作，我们不禁想："不趁年轻的时候开始，真的很难学好。这么紧张，可能学不久吧！"

不过，鱼住小姐并没有中途放弃。过了三年，终于习惯御点前之后，她说话也变得很有哲理："啊，打水声真圆润……春天快来了吧！"

"闻到水汽味，待会儿应该会下阵雨。"

坐下来抚摩新铺上的榻榻米时："新的蔺草味，真好闻！"

鱼住小姐最晚开始学茶道，但比谁都灵敏体验个中韵味。

"周一到周五天天待在办公大楼里，只有周六来学茶道，这是我唯一可以感受季节的宝贵时光。"

鱼住小姐学习茶道五年后，我发觉每年到了十一月左右，她就变得越来越沉默。

"一如往常，白昼越来越短……"

还会边说边掉泪。

感情丰沛的她，入秋后特别容易陷入沉思，尤其在寂静的漫漫长夜，听说她常常触景生情。

（这么说来，我也是……）

每年到了风炉的季节，茶室朝向南边的庭园开放，由于空气流畅，觉得血脉舒张，会很想尝试任何新鲜活动。反之，当茶室的门窗紧闭，视线局促在斗室内时，望着炉中的炭火不自觉就会开始内省沉思。

"不过，这样的季节也很好啊……"

她十分沉醉地说。

"活力十足的夏天也好，足不出户的季节也好。何必评判哪个较好呢？各有各的好处不是吗？"

在鱼住身上，我发现人生经验变丰富后开始学茶道的人与年轻时就学的人深切的差别。

听着她感触良多的话，我觉得人心非得经过洗练，才能真实感受季节真义。

就像茶室时而开放、时而闭锁一样，人心也随季节的变化敞开、紧闭，然后再度敞开……就像呼吸循环不已。

人生在世，虽然一切均应向前看，充满光明才具有价值，然而，若无反向事物的存在，反而显现不出"光明"的价值。两者共存，才能相互映照深奥的真义。所以，不必妄下断言何者必为善、何者必为恶，各有各的存在意义，人是同时需要两者的。

松风静止时

　　这是和表妹道子第一次去参加茶会时发生的事。当时，老师指着庭园中古老茶室的外墙这么说："这面墙曾被称为'刀挂'。古时候，武士要先卸下刀放在这面墙上，再进入茶室。"

　　"哦。"

　　古时候，茶道是有身份的男子必习的教养，有名气的武士更要懂茶道。据说，丰臣秀吉甚至令千利休随侍战场，为其沏茶。

　　可是，如今茶会却成为"女子的天下"，到处都可以听见欧巴桑们"哎呀，哎呀"中气十足的寒暄声。

　　真难想象茶道曾是男性必修的习艺，更难将之与赌命争权夺利、玩弄权谋、驰骋沙场的战国武将们联想在一起。

　　"该不会像现在的政客在料亭中密谈那般神秘兮

兮的？"

"哦——密谈啊？或许吧！"

从那天起不知不觉过了二十年，如今我已四十岁。

"四十不惑"其实是不可能的，人生不同的问题接踵而至，包括就业的方向、家庭的问题、父母老后的问题、自己的未来。

在饱受就业问题困扰的二十几岁时，每到周六常觉得[1]焦躁不已。然而，到了四十岁，有烦恼时反而更想上茶道课。

"坐在茶釜前，就专心在茶釜上。将心置于'无'之上。"

老师始终如此告诫我们。

但学了二十年茶道，我还是无法将心置于"无"之上，满脑子工作的事，老想着回去后还得处理的事情，心里不断涌现迷惘、后悔、担心等情绪。

总觉得自己随着年龄的渐长，三十岁比二十岁、四十岁又比三十岁更远离"无"的境界。很想好好休息，不再用脑，却一直闲不下来。越不想用脑却越烦恼，好像脑里藏了只小白鼠，一天到晚二十四小时跑轮子转个

---

1 译注：不该是学茶道的时候

203

不停。

茶室中经常低鸣着一种声音，称为"松风"。这是在茶釜内底贴铁片以制造声响的一种设计。

一开始煮水，"松风"即"咻、咻、咻、咻"断断续续作响。

不久，便串接成长音"咻——"。

当水烧开时，松风变成"噗咻——"更为激烈的声响。这时，茶道与"松风"融为一体。

和平常的周六一样，早苗小姐稳重大方地开始沏茶。大家默默看着她的动作，寂静的练习场中，只有"松风"发出"咻——"的鸣响。

我脑海里却还是停不下来，转呀转，一直在想事情。

"咻——"

松风中，从自己内在听闻不绝于耳的细语声，好像脑海里也鸣起松风声，而且"内在的声音"与"外界的鸣响"合而为一，完全分不清其间的境界。

"咻——"

当水滚开时，松风更加猛烈地吹响，水汽也形成旋涡往上蹿升。而早苗小姐才加入一勺冷水，松风便戛然停止。

就这样静默了数秒。我的脑海也呈现真空状态，什么也不想，什么都不考虑，获得数秒比睡眠还深沉的静歇。我屏息感受这一刻，心情却很愉快。

（啊——）

任何人在这里都会如此感动，沉浸其中，疗愈内心吧！这一刻，时间似乎是静止的。

（……）

然后，"松风"又开始响起。

"咻、咻、咻、咻——"

在数秒的空白中，只感到无限深邃的"空间"。

我突然想起二十年前，老师对我们述说"刀挂"的缘由。茶室入口之所以设计得那么矮小，就是为了让武士们先卸下长刀，才能弯腰钻入。

或许这也是为了让武士暂时放下重担，回归身为一个人的根本。

实在很难想象身系一国存亡的战国武将们肩头的担子有多重，但我认为无论怎样豪迈英勇的武将，平常一定也会有烦恼、迷惘、不安，以及无法自由去做的事。

（也因为如此，战国武将比任何人更迫切冀求"无"吧。）

在世上难以求得"无"的境界的武士们，宁愿将仅次于生命的刀放下，钻进狭小的入口，恢复为一个凡人，

205

或许也只为了求得片刻的"静歇"。

就像在"松风"静止那数秒间的屏息感受，在空白中解放了自我般，我也获得无忧无虑的瞬间。

"咻——"

松风仍低沉而寂静地鸣响着。

第十三章

雨天听雨

听
雨

我无法忘怀那一天。

平成三年[1]，六月的一个周六……学习茶道第十五年的那一天，从早上就开始下雨。一整天湿漉漉的，令人提不起劲儿。下雨天外出，本来就很麻烦，中午过后雨下得更大。

（真不想去上课。）

都过了下午一点半的集合时间，我不仅没出门，还磨蹭到两点半，一直在等雨变小，不过看来毫无希望。接近三点时，我终于起身出门，在哗啦啦的大雨中，往老师家走去。由于雨势过大，眼前一片迷蒙，什么也看不见。好不容易走进老师家的玄关时，青色裙子已淋湿变色，脚上滑落的水珠也形成小水潭。

"午安——"

也许是雨声淹没了我的声音，也许是老师"欢迎"的招呼声被大雨掩盖了吧，我没听到任何回答。不过，

1　译注：一九九一年

我看到一摞折叠整齐的白毛巾，就放在入口处的台阶上。这时，似乎听到老师用温柔的声音说："请拿毛巾擦脚吧！"我用毛巾擦干了双脚和裙子，一如往常在待客室里换上白袜。

室内和平常一样，面对庭园凸出的出口已拉下雨棚。我走过有点儿幽暗的廊下，说了一声："不好意思，来晚了。"

进入练习场所，鱼住小姐正好在沏薄茶。

"真慢啊，大家都在等你。赶快就座吧！"

"是。"

我没观看壁龛，匆忙就座。

"先吃些果子！"

老师将黄交趾烧的果子器皿，放到我的面前。双手轻拉器皿，掀开盖子一看，里面装盛着紫阳花般的果子。

"啊——"

我感动得说不出话。

由切成小四方块的寒天捏塑成的球形和果子，真像一朵衬着绿叶的紫阳花。这颗寒天果子花的颜色有蓝、红紫、蓝紫，呈现非单一的漂亮花色。

看得令人着迷，嘴边不禁露出微笑。

（还好来上课了。）

用木筷将美丽的果子夹到怀纸上，先观赏其浑圆可爱的模样，再用银制果子签切开。切开时，可感觉到寒天特殊的柔软感。果子一分为二后，露出内馅，然后再切成一口大小放进嘴里，口中混杂着浓郁的内馅甘甜与寒天的冰凉口感。

"唰唰唰唰……"

伴随茶筅搅动的声响，抹茶在潮湿的空气中散发出强烈的咖啡的香气。当冒着热气的茶碗送到面前，碗中鲜绿的茶汤色，有如饱含雨水的青苔般绚丽耀眼。

"请喝茶。"

一路冒雨走来湿透的身体，在喝下茶汤的瞬间变暖，口中尽留甘苦的清香味。

"啊——真好喝。"

终于说出声。

直到出门前还嫌麻烦、拖拖拉拉地不想来，来了反而觉得通体舒畅。

（雨天喝茶，的确特别。）

沏完茶，将水勺与"盖置"摆放在案台上。"盖置"是深绿色的濑户产物，外形看起来像卷着的紫阳花叶。那叶片上还黏着一个豆粒大小的小东西。

仔细一看，原来是一只小巧玲珑的蜗牛。

"啊，原来如此……"

小时候，每到梅雨季，紫阳花叶上总能找到这样的小蜗牛，就像打着一把小黄伞。之后，每年看到这个"盖置"上的小蜗牛，就会想起同样的情景。

（没错，所谓的梅雨就是这样。）

已遗忘的情景，再次想起来了。

"雪野小姐，麻烦你调整一下炭火。"

炭点前之后是鉴赏香盒，拿出来的是以镰仓雕法做成香菇模样的扁平盒子。究竟是什么呢？

"这是香盒吗？"

雪野小姐手放在榻榻米上回答。

"这是'笠'。"

"啊——"

我曾在浮世绘中见过这种昔日民间用的雨具。下雨天时，穿着芒草茎编织的"蓑衣"、头戴草帽的旅人踽踽独行。

另外，面对茶炉展开的木制屏风下方刻有圆形的镂空花纹，大圆与小圆交叠而成。

"这称为'透水珠的风炉前屏风'。"

花纹象征着雨水不断落在水洼中所产生的波纹。这一切都巧妙传达了我所知道的日本梅雨。

雨骤然增强就在那时候。

如瀑布般的倾盆大雨，"哗"地包围了老师家，感觉很恐怖。

　　在只有南侧放下雨棚、微暗的练习场内，环绕着异样的气氛。雨声变得又凶又急，令人感到不安，想起了台风夜。可是，又产生一种莫名的兴奋感，感觉大家更亲密地依偎在一起。

　　"哗——"

　　这间木造房屋似乎完全消失在雨中，由于雨声过大，即使人在屋内，也可以感觉户外的大雨情景。

　　黑压压的屋顶上冒起水蒸气，排水管中混浊的雨水窜流，还四处飞溅。庭园中的树叶无一逃脱豪雨的侵袭。

　　八角金盘硕大的绿叶上，弹落的雨滴"啪啦啪啦"地回响着。椿的叶子，受到雨的洗涤而闪闪发亮。矮竹的叶子，承受不起雨水的重量纷纷低垂。长垂于屋檐下的葡萄嫩叶舞动着，翻转出泛白的叶背。充满激情的大雨冲刷每片叶子，令庭园的群树狂喜。

　　此外，从屋顶奔流而下的雨水，形成瀑布般拍打着屋檐。大水洼的水面不断跳动出鳞状的波纹。汽车驶过小河般的柏油路面时，"唰"地溅出水花后扬长而去。

　　一滴滴雨声感觉听得非常清楚，有如聆听打击乐般，低音大鼓、定音鼓、木琴、响葫芦等各种乐器的音色明晰可辨，还与远方群聚的雨声层层交叠，构成更盛大的音响世界。

从未如此专心听过雨声，觉得自己似乎正深入探索雨音密林的奥秘，心怦然不已。心里虽然恐惧如此真切的感觉，却又想更深入地探索。我的"耳朵"也因此变得更加敏锐。

感觉听力忽然扩展，而且一口气想要突破什么。

（啊！）

一瞬间，耳朵似乎听到了什么。

"———"

莫大的空间里，突然只剩下我一个人。

这里究竟是哪里？

没有任何东西阻碍着我。

这一刻，往常紧张流程的出错、在意工作的表现、担心回家后还有不得不完成的事等，已不再困扰我。

甚至觉得自己不更加努力不行、不获得别人的好评自我就没价值、害怕别人看到自己弱点的恐惧与不安感，也全然消失。

身心完全自由享受着温暖大雨的冲刷，一切的喜悦、快乐，皆有如孩童在雨中玩耍般欢欣鼓舞，即使视线因雨过大而看不清楚也毫不在意。生平初尝如此自由奔放的感觉。

无论到多远的地方，皆可看见自我开阔的前景。

可以一直在这儿，哪儿都不必去。

没有任何不可以做的事。

也没有任何非做不可的事。

也没有任何的不足够。

完全满足于当下。

"哗——"

敏锐听力消失，发现自己依然坐着。

"……"

刚才的感受，我想只发生于数秒、数十秒之间。

突然想起还没观赏壁龛，不经意地回头往上看——

"雨听"。

（"倾听雨声"！）

我的视线无法离开字画。

"哗——"

在雨声的环绕下，感觉自己当时正处于决定性时刻，像在等待着暗号来打开紧闭门扉的那一瞬间。

其实，之前已见过这幅字画。但当时只觉得："下雨了，所以字画和雨有关。"

我只看见"文字"记号的表象。

"雨天,请听雨。将身心都放在这里,好好运用五官,专心品味当下,这样便能有所领悟。自由之道,其实一直存于当下、这里。"

我们总在懊悔过去,烦恼尚未来临的未来。殊不知,过去的日子终究已过去,不会复返,而未来也非能万全准备因应的。

一味考虑过去与未来,当然无法安心过当下的日子。其实,人生的道路不止一条,何不好好体验当下。我发现唯有忽略过去与未来,专注当下这一刻,人才能无所挂碍、自由自在地活着。

雨停了。我屏息,感动地坐着。

雨天听雨,雪日观雪,夏天体验酷暑,冬天领受刺骨寒风……无论什么样的日子,尽情玩味其中就好。

茶道就是教导人这样的"生存之道"。

人若能这样活着,就算遭遇世间所谓的"苦难",也当能甘之如饴吧!

下雨天,一旦感觉不顺遂,我们往往怪罪"都是天气不好"。其实,没有真正所谓的"不好的天气"。

如果下雨天也能乐在其中,那么任何日子都能变成

"好日子"。日日是好日。

（每天都是好日子？）

想着这句话时，脑中突然闪过什么，曾经在哪里见过这句话？而且看过好多次。

"日日是好日。"

多么奇妙的感受，我不禁因兴奋而颤抖。

包括自己在内，当下这里所有的一切，全像织入一块布般系在一起。

从我第一次来到老师家，"日日是好日"的匾额一直悬挂在那里。第一次跟着老师参加茶会的那天，字画上也写着这几个字。之后，还不断看到这句意义深远的话。

一直就在眼前，我却只视之为文字记号。

"睁大眼睛看吧！每个人其实都能快乐度过每一天。只要能领悟这点，生活中的大好机运一定不断随之而来。如今，我已发现了这点！"

这样强烈的讯息冲击着内心。

我觉得自己正挺立于大地，全身接受雨水洗涤，与世界对峙、呼应。

深深吸一口气，思绪霎时间清朗。

（今后绝不忘记这瞬间的感受，就这样活下去！）

第十四章

静待成长

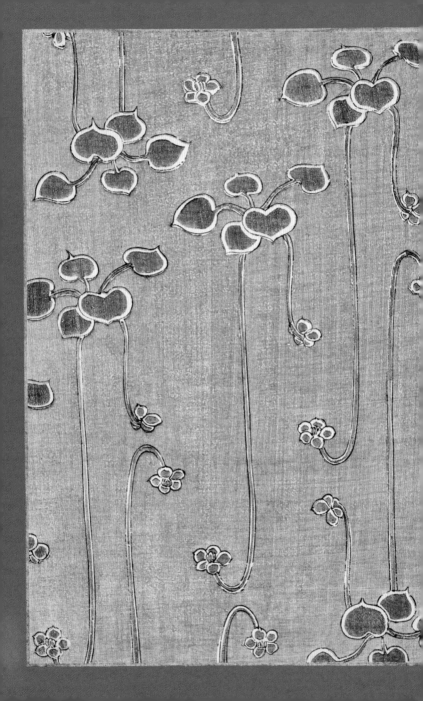

教导与学习

第十五年秋天，我和雪野小姐开始一起学"盆点"。

从入门开始的十四年间，由"习事"→"茶通箱"→"唐物"→"台天目"一路进阶学习，至今是御点前的最后阶段。

可是，我仍未从茶道毕业。

每次上课还是一切依照指示："先用右手握，再换左手。"

"放在第二块榻榻米缝边上。"

如此重复着御点前。

其实十年前，我就持有这样的疑问。

老师除了教导御点前外，什么也没说。

刚开始，这样的方式当然无可厚非。可是，经过三五年，我们也很顺手地学会如何沏茶，老师说的还是：

"舀水，要舀最底层的水。"

"啊，拿高一点儿再往下倒。"

一直只教具体的动作、程序。

（茶道，难道只有御点前吗？）

我渐渐发现自己对季节有所感动，五官感觉变灵敏。

（为什么老师还只是谈御点前呢？就算将御点前做得很完美，又如何？御点前不就这样吗？）

不管我的想法如何，"久而久之习惯后，就很容易忽略细节，产生个人怪癖。应该要像当初开始练习一样，处处留意，好好进行御点前"。

老师认为应该十年如一日，一直注意细节。

我以为老师对心得、感触等完全没兴趣。

（如果我成为老师，一定要求学生注重内在省思，而不是御点前的细节。）

可是，到了学习"茶事"第十三年，多少了解茶道的全貌之后，有时在时间似乎静止时会想："或许老师也经常有所感触，只是没说出口……"

我们也常看到老师像在倾听什么似的轻轻闭上双眼，不移动身体位置，只是轻摇；睁开双眼的瞬间，带着总想说些什么的表情，可是却只静静吐口气，眼角流露出笑意而已。

（老师为什么不说话呢？）

这一年六月的一个周六，在倾盆大雨中看到"雨听"字画那一天，我终于了解了。

我也是什么都说不出口……

想说却不知该怎么说，那种想法、感情完全无法形容，难以言喻，而且就算能说出口，内容也一定空洞无比。

所以只有无言地坐着，将满腔激动的感情吞进心里。那种说不出来的感受，令我濡湿了眼眶。

"……"

这时觉得心好痛，内在的感受竟然有口难言。

从外在看来，茶道的风景只不过是稳当坐着，但其实同时在看不见的地方，早已产生变化。

那种沉默是浓郁的。

"……"

内心一面饱受满腔热情、不可言喻的虚脱感，以及害怕说出口便索然无味的恐惧煎熬，一面窥探着沉默的深井。任由闷闷不乐的心情与不想糟蹋好不容易获得的感动的心情共存，静静地坐着。

我这才发觉和老师有了共同的心情。

老师并非不说，而是无法以言语形容，所以才保持沉默。

她真正要教导我们的是御点前以外的事。

譬如，一打开老师家的玄关，映入眼帘的总是放在鞋箱上的花朵与色纸；天热的时候，蹲踞的水多流放一些；掀开果子器皿的盖子时，里面排满赏心悦目的和果子；在壁龛里，一定装饰着今天早上刚摘取的花、字画。此外，还有随季节变化的水指、"枣"、茶碗……

任何事皆存在季节感，而且配合当天的主题，这就是茶道的款待。

可是，老师却不将这些挂在嘴边。因此刚开始学茶道时，我只能尽最大努力慢慢学习；然后经过二十年，自己才又从中发现新意。多年来，无论大家是否有所领悟，老师一直在练习场所为我们演出丰厚的季节感。

或许老师为我们准备得更多。

如果是我，一定会想说出为演出筹划的一切。不过，我想仍有无法用言语诠释的部分吧！

老师一直很有耐心地等待，等待我们自己去发现自我内在的成长。

刚开始学茶道时，我老是问"为什么""怎么会这样"。老师总是回答："别问为什么，好好照着做就好，这就是茶道。"

由于在学校接受的教育是若有不懂就一定问到懂为止，我相当惊讶于老师的回答，而且觉得茶道的这种封建本质令人反感。

可是现在，对当时无法了解的事，自然地理解认同。经过十年、十五年，某天不经意地想："啊，原来是这样啊！"

自然就获得解答。

茶道依季节的循环，将日本人的生活美学与哲学变成亲身体验，了然于心。

真正的体悟需要时间，可是就在"啊，原来如此"的那一瞬间，完全化为身上的血与肉。

如果一开始老师全部教导，那么我经过长时间的学习，一定不会自己去寻找解答。还好老师留下了"余白"。

"如果是我，一定将所有愉快的发现教导给学生。"为了满足自我，却要剥夺别人发现的乐趣。

老师只教沏茶的流程，感觉好像什么也没教，其实已经教了许多。所以，我们才能如此自由发挥。

茶道只有"礼法"，"礼法"本身又要求严格，几乎毫无自由可言。可是，除此之外，没有任何其他约制。

在学校里，我们学到的是必须在规定时间内想出正确的"解答"。越快找出解答的人，评价越优秀；一旦超过一定时间，或是出现不同的解答，或者与整体结构制度格格不入，就被视为差劲。

可是，茶道的领悟并无时间限制，无论只需三年或需要二十年，都是个人的自由。该领悟时就能领悟，成熟的速度因人而异，只需静待个人的时机。

早理解的人，不因此获得较高评价；晚开窍的人，也自然能展现自己的深度。

答案何者正确、何者错误，何者为优、何者又为劣，其实并无定论。"雪是白的""雪是黑的""没有雪"都是答案。人本来就有不同，想出来的解答当然互异。茶道包容各式各样的人。

在我的意识中，茶道就像围棋，"黑""白"子随时可能逆转情势胜出。虽然我曾经认为"茶道有如将人嵌入模具中"，但其实一切皆自由。

在强调自我的学校教育中，人人为竞争而感到不自由；严格要求礼法、受约束的茶道，反而容许个人的样貌享有莫大的自由。

究竟所谓的真正自由，是什么？直到现在我们到底和什么在竞争？

学校、茶道的宗旨，皆在教育人成长。不过，两者最大的不同，就是学校总教人与"别人"相比，茶道则希望人能与"昨日的自己"相较。

我突然想起一个人的背影。

超过八十岁的老妇人，满头白发梳成一个髻，肩上披着仙客来花色披肩离去的身影。第一次和道子去三溪园参加茶会时，在面对庭园的榻榻米房里碰到这位老妇人。

"呵，我一定会再来参加的。"

她离去时，很高兴地这么说。

"来茶会学习，真的很快乐呢！"

当时只知为考试而读书的我和道子，总觉得八十几岁的人还谈什么"学习"，真不相称。

其实，这个世上到处存在着与学校完全不同的"学习"。经过二十年，现在我才有这样的认知。这样的认知，并非学校老师所教的解答，也不是优劣竞争下的成果，而是自己一点一滴领悟后找到的答案。是用自己的方法，创造出属于自我的成长路途。

只要能不断有所领悟，一生便能持续地自我成长。

所谓"学习"，就是这样教育自己。

第十五章

放开眼界，活在当下

干支茶碗

　　"喂，你们要不要试着在那里教茶道，教学是最好的学习哟！"老师好几次对雪野小姐和我提起。

　　"怎么行，我们还没什么自信呢！"

　　我们俩在第十四年已取得"地方讲师"的资格，但当时还没有教学生的意愿，之后就这样持续来上课，匆匆又过了十年。

　　我的工作一再遭遇挫败，精神也变得十分不振，还不断碰上离别之事。

　　世事急遽变化，以为绝不会倒闭的公司却倒闭了，永远不变的秩序也脱序了。

　　唯有周六，我一定会去上茶道课。

　　在炭香与松风中，暂时抛却自己的思考，专注五官的感受，犹如切换电视频道般自由改变意识。

　　从通透拉门的微光中，看着伙伴们轻快地搅动茶筅、吃和果子、饮一杯热茶，实在令人感到轻松。

（啊，我也是季节的一部分，如此与之相系的感觉真好。）

每当心底涌现这样的感情，突然无缘由地泪水模糊了双眼。所以，经常与来时的心情大不相同，神清气爽踏上归途。

为了现实中的生存奋斗，一直持续上茶道课。

二〇〇一年一月六日，上午十一点半。

老师家循例进行初釜。

"各位，新年快乐。"

"新年快乐。"

大家齐声打招呼。

老师穿着深咖啡色、印有家徽的和服，将手撑在榻榻米上继续说："谢谢各位，长期以来跟着我这不成才的人学习，真是由衷地感谢。"不知老师为何说出这番话！由于太过突然，大家一片静默。

"……"

仔细想来，我二十岁时开始学茶道，那时老师四十四岁。之后经过二十四年，如今我和老师当年同年龄四十四岁，老师已经六十八岁。

老师的儿女结婚多年，现在她已含饴弄孙。

当年皮肤圆润白皙的"武田老师"，虽然身材变得比较瘦小，但举止依然优雅。

她很注重与人的往来相处，却不会纠缠不清。虽然经常以横滨人"我认为……"利落的遣词方式清楚表达自己的意见，却从未见她在任何人面前改变态度与声调。即使岁月流逝，老师依然没有改变。

"就这样又到了初釜。虽然每年不断重复同样的事，可是我最近常在想，能每年这样做同样的事，真幸福啊！"

茶道的确一直在重复。春→夏→秋→冬→春→夏→秋→冬……每年季节不停地循环。

事实上，除了季节还有一个更大的循环不断重复上演。那就是子→丑→寅→卯→辰→巳→午→未→申→酉→戌→亥……十二地支的循环。

在初釜，必定有符合该年干支的道具登场。

"酉"[1]年是绘有鸡图案的香盒；"寅"[2]年则出现画有纸老虎的茶碗。依干支顺序，重复十二年的周期。

在季节循环的同时，干支十二年周期也不断反复。

---

1 译注：鸡
2 译注：虎

有如地球像陀螺般一边"自转",一边又绕着太阳"公转"。

二〇〇一年是"巳"[1]年。薄茶茶碗的正面用金黄色描绘的"巳"字，即代表蛇。

干支的道具当然只在该干支年使用，而且不会一年到头都用，只限定用于正月与该年最后的沏茶。

一年结束时，总是挂上"先今年无事目出度千秋乐"[2]的字画，拿出干支茶碗。用毕后放进木箱，收藏在木柜深处，直到十二年后又逢同一干支年时才重见天日。

开始学茶道第二年的初釜，第一次听到这样的礼法时："不会吧！十二年才一次？那么在我的一生当中，只有三四次机会用到这个茶碗啰？"

"是啊！"

"老师特地去买这样的茶碗？"

"嗯。"

"哇！"

当时只觉得茶道尽做些没道理的事，真不知自己是怎么想的。

现在的我，边看着干支茶碗，边回想起二十岁时大声喊"哇"的情景。

---

1 译注：蛇
2 译注：首先庆祝今年无事千秋乐

这个描绘着"巳"字的茶碗，我是第二次拿在手上。"窣"的一声饮尽薄茶后，将碗放在手里把玩。

（上一次，用这茶碗喝薄茶是三十二岁，正好是自己出版第一本书的时候……下一次，再用这茶碗喝茶是五十六岁。那时，不知自己会在何处，与何人过着什么样的人生？）

"上一次，我的儿子还在念大学！可是现在，我已经有了两个念小学的孙子。

"下一次再看见这个茶碗时，不知道世界变成什么样？

"真希望能健康活到那时候。

"到时候，我都八十岁啰！"

老师突然呵呵大笑。

观赏这个茶碗时，大家似乎都望见自己未来的人生。

我自己又还有几次的十二周期呢？

（两次、三次？然后就要从地球上消失……）

茶道环绕着季节，也永远环绕着干支的循环演出。相较之下，人的一生再长寿也只有六七次的干支循环而已。

这是多么有限的时间啊！正因为有限，所以更值得我们珍惜与玩味。

从干支茶碗中，我发现这样的体验："不管有多么不同的甘苦，仍要勇于活下去，方能孕育出自己的人生。放开眼界，好好活在当下吧！"

二十四年来，渐渐从茶道中体悟日本季节的况味。以前老是抱怨："为何不一直进行同样的御点前？"如今却认为享受其中的变化正是茶道的乐趣。因此现在才能记住许多茶花的名称，榻榻米一叠不必想就走六步，充分了解和果子的奥妙，也有几幅特别懂得欣赏的字画。

不仅有这么多发现，还有属于自己"原来，茶道就是这么一回事啊"的瞬间感动。

不过，一旦在茶会里听到老师们谈论茶碗"口造"[1]的趣味、风炉"拨亮炭灰"之美、哪位禅师的墨宝很棒之类的话题时，还是觉得自己身陷"不知名世界"。

毕竟我所知道的"茶道"，不过是亲眼所见的茶道片面，其他许多内涵根本还不了解。至今，我仍有待学习。

不过，另一方面我也这么想：茶道是个多面体，拥有许多面向。

因此，有人说"茶道是往昔生活的美学"，也有人

---

1 译注：茶碗碗口

认为"茶道是日本艺术的集大成",更有人描写茶道是"仅以御点前,即能表现虚无之美的宗教""人们体验季节的生活智慧""禅的一种形式"……

茶道包容各式各样的诠释。

那么,我的见解也是一种茶的世界。

有人品茗就有茶道,或许茶道就是人本身的映照。

"你们要不要试着教茶道?教学是最好的学习哟!"

学茶道第二十五年,我和雪野小姐终于迈向"教师"之路。

和往常一样,我们一起走路回家,途中不经意聊道:"往后才是真正学习的开始呢!"

"是啊,真正的开始呢……"

后记

本书所写，不过是我这二十五年来学习茶道的部分体验。由于有太多事情想表达，原稿写得更为冗长，最后不得不删节一半。

其实，还有更多难以用文章表达的思绪。那些思绪不断扩大，无论如何奋笔疾书都始终跟不上。

外表看不见的内心世界，应如何表达才好呢？我不知因此而停滞发呆多少次。

总之，对于茶道的世界，我还像个不懂事的孩童。由我这么不成熟的人写一本有关茶道的书，想想真是太过轻率。不过，茶道就是这么宽容，容许人的不完善。为了让读者能投入如此宽容深奥的茶道世界，写了这本书。其中，若有不足之处，请不吝指教。

"日日是好日"这句话，出自中国佛书《碧岩录》的禅语。

此外，书中出现的人物全部采用假名。

二十五年来，教导我快乐面对夏天的酷暑、冬天的严寒，让我发现看似束缚的茶道中存在无限自由的老师，在此表达无限感激之意。"老师，这就是我现在的茶道"，由衷奉上此书。

此外，还要感谢历年来一起上课的茶友、写这本书期间一直支持我的友人，以及劝我去学茶道的母亲、表妹，谢谢你们。

最后，对于本书编辑飞鸟新社的岛口典子小姐，也要表达心中对多年来蒙受照顾的感谢之意。若没有她的热忱与努力不懈地催稿，我不可能完成此书。在此由衷地说声"谢谢"。

学习茶道第二十六年。

平成十四年（二〇〇二年）初春

森下典子

图书在版编目（CIP）数据

日日是好日 ／（日）森下典子著；夏淑怡译 . — 北
京：文化发展出版社，2023.7
　ISBN 978-7-5142-3913-3

　Ⅰ．①日… Ⅱ．①森… ②夏… Ⅲ．①茶道 - 日本
Ⅳ．① TS971.21

中国国家版本馆 CIP 数据核字（2023）第 048340 号

著作权合同登记号：01-2023-2970

日日是好日

著　　者　[日] 森下典子
译　　者　夏淑怡

责任编辑：岳智勇　　　　责任校对：侯娜　马瑶
责任印制：杨骏　　　　　封面设计：付诗意
出版发行：文化发展出版社（北京市翠微路 2 号　邮编：100036）
网　　址：www.wenhuafazhan.com
经　　销：全国新华书店
印　　刷：北京盛通印刷股份有限公司

开　　本：787mm×1092mm　　　1/32
字　　数：142 千字
印　　张：8.375
版　　次：2023 年 7 月第 1 版
印　　次：2023 年 7 月第 1 次印刷

定　　价：58.00 元
ＩＳＢＮ：978-7-5142-3913-3

◆　如有印装质量问题，请电话联系：010-82069336